科学计算引论
学习指导与解题指南

李元庆　编著

U0254762

東南大學出版社
SOUTHEAST UNIVERSITY PRESS
·南京·

内容简介

本书为《基于算例的科学计算引论(基础篇)》一书的配套教学用书,内容包括科学计算、非线性方程求根、线性方程组的直接法、插值与逼近、数值积分与数值微分等五章,每章又基本包含内容提要、典型例题解析、教材习题解析、补充练习等小节。书中一些例题应用 Mathematica 编程完成,既有助于读者加深对算法的理解,还有助于其提升解决实际问题的能力。

本书既适合作为理工科类本科生和工科类研究生学习"科学计算""计算方法""数值分析"等课程的配套教材,也可供相关老师和科技人员参考。

图书在版编目(CIP)数据

科学计算引论学习指导与解题指南 / 李元庆编著. 南京 : 东南大学出版社, 2024. 12. -- ISBN 978-7-5766-1747-4

Ⅰ. O24

中国国家版本馆 CIP 数据核字第 2024YY4804 号

责任编辑:吉雄飞　**责任校对**:韩小亮　**封面设计**:顾晓阳　**责任印制**:周荣虎

科学计算引论学习指导与解题指南

Kexue Jisuan Yinlun Xuexi Zhidao Yu Jieti Zhinan

编　著	李元庆
出版发行	东南大学出版社
出 版 人	白云飞
社　址	南京市四牌楼 2 号(邮编:210096　电话:025－83793330)
经　销	全国各地新华书店
印　刷	广东虎彩云印刷有限公司
开　本	700 mm×1000 mm　1/16
印　张	10.25
字　数	201 千字
版　次	2024 年 12 月第 1 版
印　次	2024 年 12 月第 1 次印刷
书　号	ISBN　978-7-5766-1747-4
定　价	30.00 元

本社图书若有印装质量问题,请直接与营销部联系,电话:025－83791830。

前　言

数值计算已经同观察实验、理论分析一起成为现代科学研究的三大基础手段. 无论是数学专业还是各类工科专业的学生，学习一些与数值计算相关的东西都是很有必要的. 传统上，这门课程被称为数值分析，但随着学科的发展，它已渐渐地被科学计算所取代. 数值分析侧重于数值算法的构造和理论分析，科学计算则更关心如何用数值方法解决实际的问题. 科学计算既包括如何将复杂的问题分解为容易求解的简单问题，也包括如何使用数值方法高效地求解这些简单问题，以及如何利用多个算法合作完成整个问题的数值求解. 而要做到这些，需要对基础算法有更深入的理解，尤其是算法构造的数值思想、算法的优缺点、如何高效地使用算法等.

为了适应时代的发展和实际需要，笔者编写了《基于算例的科学计算引论（基础篇）》一书. 它是笔者在实际的教学过程中不断积累而成，试图为现代科学计算搭建一个更加完善和合理的框架. 书中没有刻意去堆积概念、公式，而是试图为每一个数值计算问题"讲述"一个完整的数学"故事". 当然，限于笔者的水平和经验，这些"故事"讲得可能并不那么完美.

为了更好地适配《基于算例的科学计算引论（基础篇）》一书的教与学，笔者编写了这本《科学计算引论学习指导与解题指南》. 在教材中，我们侧重于科学计算引论课程整体框架的搭建，强调对算法全面而深入的了解，对算法的思想、优缺点、如何使用做了很多的描述，但由于篇幅的限制，有些地方只能浅尝辄止，同时作为一门公共课的教材，里面的例题数量又相对偏少，这也是科学计算引论、计算方法此类课程的一个通病. 在教学过程中，讲和练是要结合的，数值计算内容和技巧的掌握也需要一个不断精进的过程. 任何一门数学课程，基本的练习是必须的，而只有更聪明地进行练习才能让我们学得更好.

本书同《基于算例的科学计算引论（基础篇）》一书保持一致，内容包括科学计算、非线性方程求根、线性方程组的直接法、插值与逼近、数值积分与数值微分等五章，每章又基本包含内容提要、典型例题解析、教材习题解析、补充练习等小节. 其中：

内容提要部分整理归纳了本章节的重要内容，也粗略给出了对应的知识体系框架.

典型例题解析部分精选了大量的例题，涉及本章节内容的各个方面. 例题的难度也做了简单的区分，除基础题以外，还设置了一些拓展题，这些题目需要对相关内容有深入的理解并具备良好的数学功底才能顺利完成. 还有一些需要编程才能解决的问题，在处理这些问题时,读者可以对题目所涉及的数值问题有更深入的理解.正如教材一直强调的,学习科学计算,对算法程序的研究是必不可少的.

教材习题解析部分给出了《基于算例的科学计算引论(基础篇)》一书中每章习题的详细解答以及一些补充说明.但我们不建议读者直接试用这些解答,而应该独立做完练习后再与之对照,从而真正提升自身的解题水平.

在补充练习部分,我们根据教学需要设置了一些题目,这些题目有着一定的特点,对学习相关知识而言具有更好的延展性.

需要特别指出的是,书中一些例题应用 Mathematica 编程完成,读者也可以尝试通过 MATLAB 或者 Python 等来完成.总之,通过编程来解决数值计算问题更符合问题的实际情况.甚至那些没有通过编程解决的题目,读者也可以尝试编程来解决.

本书既适合作为理工科类本科生和工科类研究生学习“科学计算”“计算方法”“数值分析”等课程的配套教材,也可供相关老师和科技人员参考.

最后,基于编者水平有限、经验不足,书中错误和疏漏在所难免,敬请各位读者批评指正.

编著者

2024 年 10 月

目　录

第 1 章　科学计算 …… 1

1.1　内容提要 …… 1

1.1.1　科学计算简介 …… 1

1.1.2　误差 …… 1

1.1.3　算法稳定性 …… 2

1.1.4　数值计算的建议 …… 3

1.2　典型例题解析 …… 3

1.3　教材习题解析 …… 10

第 2 章　非线性方程求根 …… 16

2.1　内容提要 …… 16

2.1.1　非线性方程求根问题 …… 16

2.1.2　根的搜索 …… 16

2.1.3　二分法 …… 16

2.1.4　不动点迭代法 …… 17

2.1.5　牛顿法 …… 19

2.1.6　非线性方程组的解法 …… 21

2.2　典型例题解析 …… 23

2.3　教材习题解析 …… 37

2.4　补充练习 …… 41

第 3 章　线性方程组的直接法 …… 43

3.1　内容提要 …… 43

3.1.1　线性方程组的相关概念 …… 43

3.1.2 数值求解的策略 …… 43
3.1.3 高斯消去法与 LU 分解 …… 46
3.1.4 列主元高斯消去法 …… 49
3.1.5 关于直接法的补充说明 …… 50
3.1.6 带状系统 …… 51
3.1.7 逆矩阵相关 …… 52
3.1.8 向量范数和矩阵范数 …… 52
3.1.9 线性系统的误差分析 …… 54
3.2 迭代法入门(补充内容) …… 56
3.2.1 迭代法和直接法的对比 …… 56
3.2.2 定常迭代法 …… 56
3.2.3 Jacobi 迭代 …… 57
3.2.4 Gauss-Seidel 迭代 …… 58
3.2.5 Successive Over-Relaxation 迭代 …… 58
3.2.6 总结 …… 59
3.3 典型例题解析 …… 59
3.4 教材习题解析 …… 72
3.5 补充练习 …… 79

第 4 章 插值与逼近 …… 83
4.1 内容提要 …… 83
4.1.1 插值问题 …… 83
4.1.2 多项式插值 …… 84
4.1.3 Lagrange 插值 …… 85
4.1.4 Newton 插值 …… 86
4.1.5 Hermite 插值 …… 88
4.1.6 分段插值 …… 90
4.1.7 样条插值与三次样条插值 …… 92
4.1.8 逼近问题 …… 95

4.1.9　最佳一致逼近 …… 96
4.1.10　最佳平方逼近 …… 97
4.2　典型例题解析 …… 100
4.3　教材习题解析 …… 110
4.4　补充练习 …… 122

第5章　数值积分与数值微分 …… 123
5.1　内容提要 …… 123
5.1.1　积分与数值积分 …… 123
5.1.2　插值型求积公式 …… 124
5.1.3　复化求积公式 …… 127
5.1.4　Gauss 型求积公式 …… 131
5.1.5　数值微分 …… 133
5.2　典型例题解析 …… 136
5.3　教材习题解析 …… 146
5.4　补充练习 …… 154

第 1 章　科学计算

1.1　内容提要

1.1.1　科学计算简介

1. 数值分析的简化版被称为计算方法，现在又被称为科学计算（Scientific Computing），主要研究的是用计算机求解很多领域（如科学研究、工程应用、经济等）中所提出的数学问题的数值解法及其理论分析与软件实现.

2. 科学计算既不像传统数学那样只研究数学本身的理论，而是把理论和计算紧密结合，着重研究数学问题的数值解法和理论；也不像计算机科学那样直接处理离散数据，而是传统数学和计算机科学之间的一座桥梁.

3. 数值计算已同观察实验、理论研究一起成为科学研究的三大基础手段.

4. 科学计算以精确性为第一原则，同时要兼顾计算速度和数值稳定性.

5. 完成科学计算的手段是丰富多样的，先将复杂的问题逐步分解为一些容易求解的子问题，再对子问题采用通用而简单的基本策略，最后把这些策略"合理"地组合起来是其基本的技巧.

6. 算法设计的核心是替换，但把复杂的问题用一个或多个相对简单的问题替换时要考虑可控性与可实现性.

1.1.2　误差

1. 在数值计算中，**误差是永远不可避免的.**

2. 误差按照其来源分为计算开始前的误差和计算误差. 计算开始前的误差包括建模误差、测量误差、预计算误差，计算误差则主要为截断误差和舍入误差.

3. 设 x 是 x^* 的某个近似值，则用 x 代替 x^* 时的**绝对误差**为

$$e=x^*-x.$$

当 $x^*\neq 0$ 时，**相对误差**则为

$$e_r=\frac{e}{x^*}.$$

4. 如果 $|e|\leqslant\varepsilon$，则称 ε 为绝对误差 e 的一个**绝对误差限**. 同样的，也有相对误差的**相对误差限**，即 $|e_r|\leqslant\varepsilon_r$.

5. 假如得到了一个绝对误差限 ε，通常计算对应的相对误差限的公式为

$$\overline{e}_r = \frac{e}{x} \approx e_r.$$

6. 如果近似值 x 的**绝对误差限是其某一位的半个单位**，并且该位直到 x 的第 1 位非零数字共有 n 位（含两边），则称 x 具有 n 位**有效数字**. 特别的，如果 x 的绝对误差限是其末位的半个单位，则称该近似数为**有效数**.

7. 关于有效数字与相对误差的**补充定理**：

定理 1.1 假设 $x = \pm x_1 \cdots x_m . x_{m+1} \cdots x_n (x_1 \neq 0)$ 具有 n 位有效数字，则

$$\left|\frac{e(x)}{x}\right| \leqslant \frac{1}{2} \times \frac{10^{m-n}}{x_1 \cdots x_m . x_{m+1} \cdots x_n} \leqslant \frac{1}{2x_1} \times 10^{-n+1}.$$

定理 1.2 若 $x = \pm x_1 \cdots x_m . x_{m+1} \cdots x_n (x_1 \neq 0)$ 的相对误差满足

$$| e_r(x) | \leqslant \frac{1}{2(x_1 + 1)} \times 10^{-n+1},$$

则它至少具有 n 位有效数字.

1.1.3 算法稳定性

1. 一个问题如果**解存在、唯一并且对数据具有连续依赖性**，我们就称这个问题是**“好的”或者适定的**. 所谓对数据的**连续依赖性**，通俗来讲就是，数据的微小改变不会引起结果急剧的或者大幅不规则的变化.

2. 一个“坏的”或者不适定的问题则不具有这一特点. 但同时要指出的是，一个“坏的”或者不适定的问题不能简单地奢望通过算法就能变成一个“好的”或适定的问题.

3. 算法的稳定性同问题的条件性基于相似的考虑. 问题可以**分解为**输入数据、运算系统和输出结果，即

$$x \xrightarrow{\varphi} y$$

的形式. 算法也是如此，**区别在于 φ，考虑问题时它是一个问题，考虑算法时它是一系列计算操作**. 事实上，**算法就是按照规定顺序执行的一个或者多个完整的过程**，通过算法将输入转化为输出.

4. 粗略地讲，我们称一个算法是**稳定的（stable）**，指的是它的**结果对计算过程中所产生的近似扰动相对不敏感**；反之，算法就是**不稳定的（unstable）**.

5. **只有良态的问题加上稳定的算法才能得到精确的解.**

6. 此外，数值计算中有一句著名的话：

数学上的等价并不意味着数值上的等价！

请大家务必牢记这句话.

1.1.4　数值计算的建议

1. 下面给出一些关于数值计算的建议，遵循它们**可能会降低风险**，提升算法或者程序的稳健性.

- 避免相邻的数相减；
- 避免小数做除数；
- 避免大数吃小数；
- 避免上溢和下溢；
- 简化运算，减少计算次数；
- 不要忽略舍入误差的影响.

2. 不遵循上述建议，并不一定得到错误的结果，但犯错的风险必然会增加.

1.2　典型例题解析

例 1　试分析 3.141 和 3.142 作为 π 的近似值，分别具有几位有效数字.

解　• 因为

$$0.5\times 10^{-3}<|3.141-\pi|=0.000592654\cdots\leqslant 0.5\times 10^{-2},$$

所以 3.141 作为 π 的近似值具有 3 位有效数字.

• 因为

$$0.5\times 10^{-4}<|3.142-\pi|=0.000407346\cdots\leqslant 0.5\times 10^{-3},$$

所以 3.142 作为 π 的近似值具有 4 位有效数字.

例 2　若 $x=1234.5678$ 具有 6 位有效数字，求它的绝对误差限.

解　最后一位有效数字所在的位置是小数点后第二位，则

$$|e(x)|\leqslant 0.5\times 10^{-2}.$$

例 3　若 x 具有 3 位有效数字，求它的相对误差限.

解　根据补充定理 1.1，设 x 的首位非零数字为 x_1，则

$$\left|\frac{e(x)}{x}\right|\leqslant\frac{1}{2x_1}\times 10^{-3+1}\leqslant 0.5\times 10^{-2},$$

即相对误差限为 0.005.

例 4　如果近似数 x 的相对误差限为 0.3%，则它至少具有几位有效数字？

解　根据补充定理 1.2，误差限

$$0.003\leqslant\frac{1}{2(9+1)}\times 10^{-2+1},$$

则它至少具有 2 位有效数字.

例 5　设 $x=\sqrt{2024}$，它的近似数 x^* 至少具有几位有效数字才能使得相对误

差小于 0.1%？

解 • $44 < \sqrt{2024} < 45$，则它的首位数字为 4.

• 根据补充定理 1.1，得到 $\frac{1}{2\times 4}10^{-n+1} \leqslant 0.001$，即 $10^n > \frac{10^4}{8}$，故取 $n \geqslant 4$.

注 也可采用 $0.5\times 10^{-(n-2)} \leqslant \sqrt{2024}\times 0.001$，得到 $n \geqslant 3.04586$.

例 6 设 $y = \ln x$，若 y 的绝对误差限为 0.5×10^{-n}，则 y 在 $x = a$ 处的取值应具有几位有效数字？

解 • $e(y) \approx \frac{e(x)}{x} = e_r(x)$，

• $|e_r(x)| \leqslant 0.5\times 10^{-n} \leqslant \frac{1}{2(1+9)}\times 10^{-n+1}$，

• 因此结果具有 n 位有效数字.

注 该题是例 4 的推广，同样用到了补充定理 1.2.

例 7 给定 $x_1^* = \frac{1}{2024}$，$x_2^* = \frac{1}{2025}$，设

$$x_1 = 0.000494071, \quad x_2 = 0.000493827$$

分别是它们具有 6 位有效数字的近似值，试分析直接计算 $x_1^* - x_2^*$ 具有几位有效数字；再设计一种算法提升计算的精确度，并证明你的结论.

解 • 采用

$$x_1^* - x_2^* \approx x_1 - x_2$$

时结果为 0.244×10^{-6}，它最多有 3 位有效数字.

• 事实上，$|e(x_1)| \leqslant 0.5\times 10^{-9}$，$|e(x_2)| \leqslant 0.5\times 10^{-9}$，因此

$$\begin{aligned}|e(x_1 - x_2)| &= |e(x_1) - e(x_2)| \leqslant |e(x_1)| + |e(x_2)| \\ &\leqslant 10^{-9} \leqslant 0.5\times 10^{-8},\end{aligned}$$

按照误差理论分析，它应该至少具有 2 位有效数字.

• 如果采用

$$x_1^* - x_2^* = \frac{1}{2024\times 2025} \approx x_1 x_2,$$

则结果为 $0.243985599717\times 10^{-6}$.

• 根据 $|e(x_1)| \leqslant 0.5\times 10^{-9}$，$|e(x_2)| \leqslant 0.5\times 10^{-9}$，因此

$$\begin{aligned}|e(x_1 x_2)| &\leqslant x_2|e(x_1)| + x_1|e(x_2)| \\ &\leqslant 0.493949\times 10^{-12} \leqslant 0.5\times 10^{-12},\end{aligned}$$

按照误差理论分析，它应该至少具有 6 位有效数字.

例 8 设 x 的相对误差为 2%，求计算 x^n 时的相对误差.

解 • $e(x^n) \approx nx^{n-1}e(x)$，

- $\dfrac{e(x^n)}{x^n} \approx n\dfrac{e(x)}{x}$,
- 因此相对误差为 $2n\%$.

注　类似的,可以计算 $\sqrt[n]{x}$ 的相对误差为 $e_r(y)=\dfrac{2}{n}\%$.

例 9　设 $s=\dfrac{1}{2}gt^2$,其中 g 是准确的,t 有 ± 0.1 s 的误差,证明:当 t 增加时,s 的绝对误差增加,而相对误差减少.

证明　• $e(s)\approx gte(t)$,

- $e_r(s)\approx \dfrac{2}{t}e(t)$.
- 显然,当 t 增加时,s 的绝对误差增加,而相对误差减少.

例 10　设 $z=f(x,y)=\dfrac{\cos y}{x}$,已知 $x=1.30$,$y=0.871$ 均为有效数,试分析计算 z 的结果具有几位有效数字.

解　• $|e(x)|\leqslant 0.5\times 10^{-2}$,$|e(y)|\leqslant 0.5\times 10^{-3}$.

- $|e(z)| \lessapprox |f_x e(x)+f_y e(y)|$

$$\leqslant \frac{\cos 0.871}{1.30^2}\times 0.005+\frac{\sin 0.871}{1.30}\times 0.0005$$
$$\approx 0.00219973\leqslant 0.5\times 10^{-2}.$$

- $z\approx 0.495432$,该结果具有 2 位有效数字.

注　• 求解本题的 **Mathematica 代码**如下:

```
x=1.30;y=0.871;ex=0.005;ey=0.0005;
z=Cos[y]/x
ez= Abs[D[Cos[v]/u,u]/.{u->x,v->y}]ex+Abs[D[Cos[v]/u,v]/.
{u->x,v->y}]ey
```

• 在随后的一些题目中,编者会有选择地给出用 Mathematica 进行数值计算或者模拟的代码,同教材相互对应.

例 11　设三角形的面积公式为

$$S=\frac{1}{2}ab\sin C,\quad 0<C<\pi/2,$$

若 a,b,C 的误差限分别为 $\delta a,\delta b,\delta C$,试给出用该公式计算面积时的相对误差限.

解　• $e(S)\approx \dfrac{1}{2}b\sin Ce(a)+\dfrac{1}{2}a\sin Ce(b)+\dfrac{1}{2}ab\cos Ce(C)$.

- $|e(S)| \lessapprox \left(\dfrac{1}{2}b\sin C\right)\delta a+\left(\dfrac{1}{2}a\sin C\right)\delta b+\left(\dfrac{1}{2}ab\cos C\right)\delta C$.

• $\left|\frac{e(S)}{S}\right| \lessapprox \frac{\delta a}{a}+\frac{\delta b}{b}+\frac{\delta C}{\tan C}$.

例 12 设 N 充分大，如何计算$\int_N^{N+1}\frac{1}{1+x^2}\mathrm{d}x$？

解 • 如果采用

$$\int_N^{N+1}\frac{1}{1+x^2}\mathrm{d}x=\arctan(N+1)-\arctan N$$

计算，会遇到相邻的数相减的问题.

• 根据公式 $\tan(x-y)=\frac{\tan x-\tan y}{1+\tan x\tan y}$，可得

$$\arctan(N+1)-\arctan N=\arctan\frac{1}{1+N(N+1)},$$

采用该公式，可以有效地避免相邻的数相减.

例 13 设 N 充分大，如何计算$\int_N^{N+1}\ln x\,\mathrm{d}x$？

解 可以考虑采用如下公式计算：

$$\begin{aligned}\int_N^{N+1}\ln x\,\mathrm{d}x&=(N+1)\ln(N+1)-N\ln N-1\\&=\ln\left(1+\frac{1}{N}\right)^N+\ln(N+1)-1\\&\approx\ln(N+1).\end{aligned}$$

注 选取一个较大的 N 验证：**一个可控的近似比一个不靠谱的直接表达式可能更有效.**

例 14 已知

$$y=f(x)=\ln(x-\sqrt{x^2-1}),$$

求 $f(30)$ 的值. 若开放运算保留 6 位有效数字，求对数时误差多大？若改为

$$f(x)=\ln(x-\sqrt{x^2-1})=-\ln(x+\sqrt{x^2-1}),$$

求对数时误差多大？

解 • $f(30)=\ln(30-\sqrt{899})$，$\sqrt{899}\approx 29.9833$.

• $|e(\sqrt{899})|\leqslant 0.5\times 10^{-4}$，因此

$$|e(y)|\lessapprox\frac{1}{30-\sqrt{899}}|e(\sqrt{899})|\leqslant 0.3\times 10^{-2}.$$

• 若改为 $f(30)=-\ln(30+\sqrt{899})$，则

$$|e(y)|\lessapprox\frac{1}{30+\sqrt{899}}|e(\sqrt{899})|\leqslant 0.9\times 10^{-6}.$$

例 15　已知 $\sqrt{7}$ 可由如下迭代公式计算：

$$x_0=3,\quad x_{k+1}=\frac{1}{2}\left(x_k+\frac{7}{x_k}\right),\quad k=0,1,2,\cdots.$$

若 x_k 是 $\sqrt{7}$ 具有 n 位有效数字的近似值，证明：x_{k+1} 具有 $2n$ 位有效数字.

证明　• 根据题意，很容易证明 $x_k\geqslant\sqrt{7}$，且 $\{x_k\}$ 是单调递减序列.

• 注意到 $x_{k+1}=\frac{1}{2}\left(x_k+\frac{7}{x_k}\right)$，$\sqrt{7}=\frac{1}{2}\left(\sqrt{7}+\frac{7}{\sqrt{7}}\right)$，因此

$$x_{k+1}-\sqrt{7}=\frac{1}{2x_k}(x_k-\sqrt{7})^2\leqslant\frac{1}{2\sqrt{7}}(x_k-\sqrt{7})^2.$$

• 若 x_k 是 $\sqrt{7}$ 具有 n 位有效数字的近似值，则

$$|x_k-\sqrt{7}|\leqslant 0.5\times 10^{1-n},$$

• 因此

$$|x_{k+1}-\sqrt{7}|\leqslant 0.472456\times 10^{1-2n}\leqslant 0.5\times 10^{1-2n},$$

即 x_{k+1} 具有 $2n$ 位有效数字.

例 16　设序列 $\{x_n\}$ 满足如下递推关系：

$$\begin{cases}x_n=10x_{n-1}-1, & n=1,2,\cdots,\\ x_0=\sqrt{2}.\end{cases}$$

若 $x_0\approx 1.41$，试估计计算 x_{10} 时的绝对误差限为多大. 这个计算过程稳定吗？

解　• $|e(x_0)|\leqslant 0.5\times 10^{-2}$，

• $e(x_n)=10e(x_{n-1})=\cdots=10^n e(x_0)$，

• 从而 $|e(x_{10})|\leqslant 0.5\times 10^8$，即误差扩大了 10^{10} 倍.

• 当 $n\to\infty$ 时，$|e(x_n)|\to+\infty$，因此计算过程不稳定.

例 17　计算 $y=1+\frac{2}{x-1}+\frac{3}{(x-1)^2}+\frac{4}{(x-1)^3}$ 时，为减少乘除法运算的次数，表达式应该如何改写？

解　• 令 $t=\frac{1}{x-1}$，

• 可得 $y=1+t(2+t(3+4t))$.

例 18　设 $p(x)=2x^4-24x^3+100x^2-168x+93$，用秦九韶公式计算 $p(1)$，保留中间数据. 若

$$p(x)=(x-1)q(x)+p(1),$$

求 $q(x)$ 的表达式，并据此计算 $p'(1)$.

解　• 先用秦九韶公式计算 $p(1)$，列表如下：

	2	-24	100	-168	93
$x=1$		2	-22	78	-90
	2	-22	78	-90	**3**

即得 $p(1)=3$.

- 根据多项式的除法或者直接进行因式分解,得到

$$q(x)=2x^3-22x^2+78x-90.$$

- 不难发现 $q(x)$ 的系数 $2,-22,78,-90$ 即为上述表格中的中间数据.
- 由 $p'(x)=q(x)+(x-1)q'(x)$,可得 $p'(1)=q(1)$.
- 再对 $q(x)$ 用一次秦九韶公式,列表如下:

	2	-22	78	-90
$x=1$		2	-20	58
	2	-20	58	$-$**32**

即得 $p'(1)=-32$.

例 19(拓展题) 当 $x\approx y$ 时,计算 $\ln x-\ln y$ 会出现相邻的数相减,如果改为

$$\ln x-\ln y=\ln\frac{x}{y},$$

是否能减少舍入误差?请设计一个更好的计算方案,并说明理由.

解 • 考虑函数 $y=\ln t$,其中 t 接近于 1.

- $e(y)\approx\dfrac{e(t)}{t}$, $e_r(y)=\dfrac{e(y)}{y}\approx\dfrac{1}{\ln t}e_r(t)$.
- 当 $t\approx 1$ 时,条件数 $\dfrac{1}{\ln t}$ 很大,因此改写不能减少舍入误差.
- 考虑函数 $y=\ln(1+t)$,其中 t 接近于 0.
- $e(y)\approx\dfrac{e(t)}{1+t}$, $e_r(y)=\dfrac{e(y)}{y}\approx\dfrac{t}{(1+t)\ln(1+t)}e_r(t)$.
- 当 $t\approx 0$ 时,条件数 $\dfrac{t}{(1+t)\ln(1+t)}$ 接近于 1,因此这种写法能减少舍入误差.
- 因此一个更好的算法是 $\ln x-\ln y=\ln\left(1+\left(\dfrac{x}{y}-1\right)\right)$.

例 20(拓展题) 设 $y=f(x)=\mathrm{e}^x=\sum\limits_{n=0}^{\infty}\dfrac{x^n}{n!}$,试用如下两种算法计算 $f(-5)$,并比较哪种算法精确.

(1) $f(-5)=\mathrm{e}^{-5}\approx\sum_{n=0}^{9}\frac{(-5)^n}{n!}=y_1$;

(2) $f(-5)=\frac{1}{\mathrm{e}^5}\approx\frac{1}{\sum_{n=0}^{9}\frac{5^n}{n!}}=y_2$.

解　• 注意到 $\sum_{n=0}^{\infty}\frac{(-5)^n}{n!}$ 是交错级数,根据莱布尼茨判别法,必有

$$|y-y_1|\leqslant\frac{5^{10}}{10!}\approx 2.69114.$$

• 在算法(2)中,不妨记 $a=\sum_{n=0}^{9}\frac{5^n}{n!}=\frac{1}{y_2}$,则 $\mathrm{e}^{-5}=\frac{1}{a+R}$,其中 $R=\sum_{n=10}^{\infty}\frac{5^n}{n!}$.

• R 的一个估算如下:

$$R=\sum_{n=10}^{\infty}\frac{5^n}{n!}=\frac{5^{10}}{10!}\left(1+\frac{5}{11}+\frac{5^2}{11\times 12}+\cdots\right)$$
$$\leqslant\frac{5^{10}}{10!}\left(1+\frac{5}{11}+\frac{5^2}{11^2}+\cdots\right)=\frac{5^{10}}{10!}\times\frac{11}{6},$$

• 因此 $|y-y_2|=\frac{1}{a}-\frac{1}{a+R}=\frac{R}{a(a+R)}\leqslant\frac{R}{a^2}\leqslant\frac{5^{10}}{10!}\times\frac{11}{6a^2}$.

• 计算可得 $a\approx 143.689$,因此 $|y-y_2|\approx 0.000238962$.

• 由此可见,算法(2)要远远优于算法(1).

注　• 事实上,$y_1=-1.82711$. 若把它作为 e^{-5} 的近似值是荒谬的,这是因为展开的项数根本不够.

• $y\approx 0.00673795$,$y_2\approx 0.00695945$,$y-y_2=-0.000221506$,误差值比我们估算的略小.

• 实际的 R 值约为 4.7237,我们估算的结果约为 4.93376.

• 求解本题的 **Mathematica 代码**如下:

```
y=Exp[-5];k=9;
y1=NSum[(-1)^n 5^n/n!,{n,0,k}]
y2=1/NSum[5^n/n!,{n,0,k}]
e1=y-y1
e2=y-y2
```

通过调整 k 的值可以发现,随着 k 值的增加,算法(1)的效果会变好,但始终还是算法(2)更好.

例 21　设函数 $f(x)=(45-\sqrt{x})^2$,同时给定 $x_0=2023$ 及 $\sqrt{x_0}$ 具有 6 位有效数字的近似值 44.9778. 设计一种算法,使得该算法用这一近似值计算 $f(x_0)$ 的结果不少于 6 位有效数字,并分析该算法的绝对误差限.

提示 1 题目中出现了相邻的数相减，要保证结果不少于 6 位有效数字，我们可能会采用如下做法：

解法 1 令 $a=44.9778\approx\sqrt{x_0}$，且 $|e(a)|\leqslant 0.5\times 10^{-4}$，则

$$f(x_0)=(45-\sqrt{x_0})^2=(\sqrt{2025}-\sqrt{2023})^2=\frac{4}{(45+\sqrt{x_0})^2}$$

$$\approx\frac{4}{(45+44.9778)^2}=0.00049407087\cdots,$$

$$|e(f(a))|=\left|e\left(\frac{4}{(45+a)^2}\right)\right|\approx\left|\frac{8}{(45+a)^3}e(a)\right|$$

$$\leqslant\frac{8}{(45+a)^3}|e(a)|\leqslant 5.5\times 10^{-10}$$

$$<0.5\times 10^{-8},$$

所以 $f(x_0)$ 的近似值为 0.00049407，且该近似值有 5 位有效数字.

提示 2 上述是一种典型做法，但结果并不满足不少于 6 位有效数字的要求. 根据计算结果，误差和特定的要求仅有稍许区别，观察一下求导过程对结果的影响，不难得到如下做法：

解法 2 • 首先，有

$$f(x_0)=(45-\sqrt{x_0})^2=4048-90\sqrt{x_0}=\frac{4}{4048+90\sqrt{x_0}}$$

$$\approx\frac{4}{4048+90\times 44.9778}=0.000494071024\cdots.$$

• 其次，有

$$|e(f(a))|=\left|e\left(\frac{4}{4048+90a}\right)\right|\approx\left|\frac{360}{(4048+90a)^2}e(a)\right|$$

$$\leqslant\frac{360}{(4048+90a)^2}|e(a)|\leqslant 2.7462\times 10^{-10}$$

$$<0.5\times 10^{-9},$$

所以 $f(x_0)$ 的近似值为 0.000494071，且该近似值有 6 位有效数字.

1.3 教材习题解析

1. 已知积分 $\int_0^1\frac{\sin x}{x}\mathrm{d}x$ 的精确值为 0.946083070367183，现在通过

$$\int_0^1\frac{\sin x}{x}\mathrm{d}x\approx\int_0^1\left(1-\frac{x^2}{6}+\frac{x^4}{120}-\frac{x^6}{5040}\right)\mathrm{d}x$$

计算积分的近似值. 请指出计算过程中会出现哪些类型的误差，完成计算并分析结

果具有几位有效数字.

解　• 在计算过程中出现了截断误差和舍入误差.

• 因为

$$I=\int_0^1 \frac{\sin x}{x} \mathrm{d}x=0.946083070367183,$$

$$I^*=\int_0^1\left(1-\frac{x^2}{6}+\frac{x^4}{120}-\frac{x^6}{5040}\right) \mathrm{d}x=0.9460827664399093,$$

所以

$$|I-I^*|=3.03927\times 10^{-7}\approx 0.3\times 10^{-6}<0.5\times 10^{-6},$$

即 I^* 作为 I 的近似值具有 6 位有效数字.

2. 假设 $a=3.65$，$b=0.120$，$c=54.7$ 均具有 3 位有效数字，试计算 $a+bc$ 的值，分析结果具有几位有效数字并估算相对误差限.

解　• 首先，根据已知条件得到

$$a+bc=10.214,$$
$$|e(a)|\leqslant 0.5\times 10^{-2},$$
$$|e(b)|\leqslant 0.5\times 10^{-3},$$
$$|e(c)|\leqslant 0.5\times 10^{-1}.$$

• 其次，有如下误差估计：

$$e(a+bc)\approx e(a)+c\cdot e(b)+b\cdot e(c),$$
$$|e(a+bc)|\leqslant|e(a)|+|c|\cdot|e(b)|+|b|\cdot|e(c)|$$
$$\leqslant 0.03835<0.5\times 10^{-1},$$
$$|e_r(a+bc)|\leqslant 0.00375465.$$

• 由上可知 10.214 中小数点后第 1 位有效，因此有 3 位有效数字，相对误差限为 0.00375465.

3. 设 $x=2.430$，$y=0.09612$ 均具有 4 位有效数字，给定函数

$$z=\sqrt{xy}+\sin(x+y),$$

试分析计算 z 的绝对误差限、相对误差限和有效数字.

解　• 因为

$$z=1.06064,$$
$$|e(x)|\leqslant 0.5\times 10^{-3},$$
$$|e(y)|\leqslant 0.5\times 10^{-5},$$

$$e(z)\approx\left(\frac{y}{2\sqrt{xy}}+\cos(x+y)\right)e(x)+\left(\frac{x}{2\sqrt{xy}}+\cos(x+y)\right)e(y),$$

$$|e(z)|\leqslant\left|\frac{y}{2\sqrt{xy}}+\cos(x+y)\right||e(x)|+\left|\frac{x}{2\sqrt{xy}}+\cos(x+y)\right||e(y)|,$$

• 所以

$$|e(z)|\leqslant 0.000367016<0.5\times 10^{-3},$$

$$|e_r(z)| \leqslant 0.000346034,$$

即 z 有 4 位有效数字，绝对误差限为 0.000367016，相对误差限为 0.000346034.

4. 设 $y=\ln x$，若 $x>0$ 且具有相对误差限 δ，试计算 y 的相对误差限.

解 • 因为

$$e(\ln x) \approx \frac{e(x)}{x}=e_r(x),$$

$$e_r(\ln x) \approx \frac{e_r(x)}{\ln x}=\frac{e_r(x)}{y},$$

• 所以

$$|e_r(y)| \leqslant \frac{\delta}{|y|},$$

即 y 的相对误差限为$\frac{\delta}{|y|}$.

5. 使用公式 $S=4\pi R^2$ 计算某一近似球体的表面积，这一过程中出现的误差都有哪些？要使 S 的相对误差不超过 1%，球体半径 R 允许的相对误差限是多少？

解 • 在计算近似球体表面积的过程中会出现模型误差、测量误差、预计算误差、截断误差、舍入误差.

• 因为

$$S=4\pi R^2, \quad e(S) \approx 8\pi R \cdot e(R),$$

$$e_r(S)=\frac{e(S)}{S} \approx \frac{8\pi R \cdot e(R)}{4\pi R^2} \approx 2\frac{e(R)}{R}=2e_r(R),$$

所以要使 S 的相对误差不超过 1%，R 允许的相对误差限是 0.5%.

6. 当 x 接近于 0 时，下列各式如何计算才会比较准确？

(1) $\frac{1}{x}-\frac{\cos x}{x}$; (2) $\frac{1-x}{1+x}-\frac{1}{3x+1}$;

(3) $\sqrt{\frac{1}{x}+x}-\sqrt{\frac{1}{x}-x}$; (4) $\tan x-\sin x$.

解 (1) $\frac{1}{x}-\frac{\cos x}{x}=\frac{1-\cos x}{x}=\frac{2\sin^2\frac{x}{2}}{x}=\frac{\sin\frac{x}{2}}{\frac{x}{2}}\sin\frac{x}{2} \approx \sin\frac{x}{2}$;

(2) $\frac{1-x}{1+x}-\frac{1}{3x+1}=\frac{x-3x^2}{3x^2+4x+1}=\frac{x(1-3x)}{(x+1)(1+3x)}$;

(3) $\sqrt{\frac{1}{x}+x}-\sqrt{\frac{1}{x}-x}=\frac{2x}{\sqrt{\frac{1}{x}+x}+\sqrt{\frac{1}{x}-x}} \approx x^{\frac{3}{2}}$;

(4) $\tan x-\sin x=\frac{\sin x}{\cos x}-\sin x=\frac{1-\cos x}{\cos x}\sin x=\frac{\sin^3 x}{\cos x(1+\cos x)}$.

注 本题答案不唯一，以上仅供参考.

7. 试求当 $x=0.001$ 时函数

$$y=\frac{1+x-\mathrm{e}^x}{x^2}$$

的近似值 y^*,要求结果具有 6 位有效数字.

解　• 首先写出 y 的 Taylor 展开:

$$y=\frac{1+x-\mathrm{e}^x}{x^2}=-\frac{\sum_{i=2}^{n}\frac{x^i}{i!}+\frac{\mathrm{e}^{\xi}}{(n+1)!}x^{n+1}}{x^2}$$

$$=-\sum_{i=2}^{n}\frac{x^{i-2}}{i!}-\frac{\mathrm{e}^{\xi}}{(n+1)!}x^{n-1}.$$

• 如果用 $-\sum_{i=2}^{n}\frac{x^{i-2}}{i!}$ 作为 y 的近似值,则误差限为

$$|e(y)|=\left|\frac{\mathrm{e}^{\xi}}{(n+1)!}x^{n-1}\right|\leqslant\left|\frac{\mathrm{e}^{x}}{(n+1)!}x^{n-1}\right|.$$

因为 $y\approx-0.5$,要使得结果具有 6 位有效数字,也即是

$$\frac{\mathrm{e}^{0.001}\times10^{3-3n}}{(n+1)!}\leqslant0.5\times10^{-6},$$

经验证 $n=3$ 满足要求.

• 以 $-\left(\frac{1}{2}+\frac{x}{6}\right)$ 作为近似函数,在 $x=0.001$ 时的值 -0.5001666666666666 具有 6 位有效数字,即近似结果为 -0.500167.

• 事实上,真实的误差限为 0.417×10^{-7}.

8. 推导出求积分

$$I_n=\int_0^1\frac{x^n}{10+x^2}\mathrm{d}x,\quad n=0,1,\cdots,10$$

的递推公式,并分析这个计算过程是否稳定. 若计算过程不稳定,试构造一个稳定的递归公式. 如果需要初值,请给出初值的解决方案.

解　• 首先计算出

$$I_0=\int_0^1\frac{1}{10+x^2}\mathrm{d}x=\frac{\arctan\left(\frac{1}{\sqrt{10}}\right)}{\sqrt{10}}\approx0.09685340823403801,$$

$$I_1=\int_0^1\frac{x}{10+x^2}\mathrm{d}x=\frac{1}{2}\ln\left(\frac{11}{10}\right)\approx0.047655089902161496.$$

• 利用分部积分得到

$$I_n=\int_0^1\frac{x^n}{10+x^2}\mathrm{d}x=\int_0^1\frac{x^n+10x^{n-2}-10x^{n-2}}{10+x^2}\mathrm{d}x$$
$$=\frac{1}{n-1}-10I_{n-2},\quad n\geqslant 2.$$

• 误差关系为

$$e_n=-10e_{n-2},$$

显然该算法不稳定.

• 可将公式改为

$$I_{n-2}=\frac{1}{10}\left(\frac{1}{n-1}-I_n\right),$$

初值可估计为

$$I_n\approx\frac{21}{220}\cdot\frac{1}{n+1},\quad n=15,14.$$

9. 设序列 $\{y_n\}$ 满足递推关系：

$$\begin{cases}y_n=5y_{n-1}-5, & n=1,2,\cdots,\\ y_0=1.732.\end{cases}$$

若 y_0 是有效数，试估计 y_{10} 的绝对误差限和相对误差限.

解 • 根据 y_0 是有效数，则 $|e(y_0)|\leqslant 0.5\times10^{-3}$，而

$$e(y_n)=5e(y_{n-1})=5^n e(y_0),$$

因此

$$|e(y_{10})|\leqslant 5^{10}|e(y_0)|\leqslant 5^{10}\times0.5\times10^{-3}=4882.8125.$$

• 此外，有

$$y_{10}=5^{10}y_0-(5+5^2+\cdots+5^{10})\approx 4707032.5,$$

因此

$$|e_r(y_{10})|\leqslant\frac{4882.8125}{4707032.5}\approx 0.001037344.$$

10. 设 $f(x)=1+2x+3x^2+5x^4+6x^7$，用 Horner 算法求 $f(-1)$，$f'(-1)$.

解 利用表格进行计算：

	6	0	0	5	0	3	2	1
$x=-1$		-6	6	-6	1	-1	-2	0
	6	-6	6	-1	1	2	0	**1**
$x=-1$		-6	12	-18	19	-20	18	
	6	-12	18	-19	20	-18	**18**	

因此 $f(-1)=1$，$f'(-1)=18$.

11. 设 $f(x)=1+3(x-2)+4(x-2)(x-1)+5(x-2)(x-1)(x-7)$，用 Horner 算法求 $f(-1)$，$f'(-1)$.

解　• 将 $f(x)$ 改写为

$$f(x)=1+(x-2)(3+(x-1)(4+5(x-7))),$$

则

$$x_0=2,\quad x_1=1,\quad x_2=7,\quad a_0=1,\quad a_1=3,\quad a_2=4,\quad a_3=5,$$

根据算法得到

$$b_3=a_3=5,$$
$$b_2=b_3(x-x_2)+a_2=5(-1-7)+4=-36,$$
$$b_1=b_2(x-x_1)+a_1=-36(-1-1)+3=75,$$
$$b_0=b_1(x-x_0)+a_0=75(-1-2)+1=-224,$$

则 $f(-1)=-224$.

• 接下来

$$p(x)=75-36(x-2)+5(x-2)(x-1),$$

新的计算过程中 $x_0=2$，$x_1=1$，$a_0=75$，$a_1=-36$，$a_2=5$，则

$$b_2=a_2=5,$$
$$b_1=5(-1-1)-36=-46,$$
$$b_0=-46(-1-2)+75=138+75=213,$$

于是 $f'(-1)=p(-1)=213$.

第 2 章　非线性方程求根

2.1　内容提要

2.1.1　非线性方程求根问题

1. 给定方程 $f(x)=0$,若存在 x^* 使得 $f(x^*)=0$ 成立,则称 x^* 为 $f(x)=0$ 的根或者零点.

2. 假设 $f(x)=(x-x^*)^m g(x)$, $m \in \mathbf{N}^*$ 成立,且 $g(x^*) \neq 0$.

- 如果 $m=1$,称 x^* 为 $f(x)$ 的**单根**.
- 如果 $m \geqslant 2$,称 x^* 为 $f(x)$ 的 m **重根**.
- 单根的判别依据是

$$f(x^*)=0, \quad f'(x^*) \neq 0.$$

- m 重根通过下面的方法判别:

$$f(x^*)=f'(x^*)=\cdots=f^{(m-1)}(x^*)=0, \quad f^{(m)}(x^*) \neq 0.$$

3. 这里我们仅讨论方程实根的求法.

2.1.2　根的搜索

1. 数值求根一般分为两个过程:

- **确定根的大概位置**,这一过程通常称为**根的搜索**.
- **将结果精细化**,这一过程通常由**迭代**来完成.

2. 根的搜索有一些粗略的处理方案,如作图法、分析法、近似方程法等;也有一些相对精细一点的处理方案,如定步长搜索法、二分法(Bisection Method)、试值法(Method of False Position) 等.

3. 这里重点要求大家掌握分析法,即利用单调性、零点定理等分析方程根的个数以及根所在的范围.

2.1.3　二分法

1. 假设函数 $y=f(x)$ 是区间$[a,b]$上的连续函数,且

$$f(a) \cdot f(b) < 0.$$

• 如果将区间进行对分，得到的$\left[a,\frac{a+b}{2}\right]$，$\left[\frac{a+b}{2},b\right]$中至少有一个是有根区间. 如果

$$f(a)\cdot f\left(\frac{a+b}{2}\right)<0,$$

取$\left[a,\frac{a+b}{2}\right]$作为有根区间，否则取$\left[\frac{a+b}{2},b\right]$. 新的有根区间记为$[a_1,b_1]$.

• 继续这个操作，将会得到一系列的区间$\{[a_k,b_k]\}$.

• 假设进行了 n 次对分，则小区间的长度变为$\frac{b-a}{2^n}$. 小区间的长度满足

$$\lim_{n\to\infty}\frac{b-a}{2^n}=0,$$

这一过程继续下去，可以得到方程具有足够精度的根.

2. 假设进行 n 次对分后，取最终所得小区间的中点作为根的近似值. 设容忍误差限为 ε，则

$$\frac{b-a}{2^{n+1}}\leqslant\varepsilon\Rightarrow n\geqslant\log_2\frac{b-a}{\varepsilon}-1.$$

为精确起见，通常 n **向上取整**或者干脆多对分 1 到 2 次.

2.1.4　不动点迭代法

1. 所谓 $f(x)=0$ 的不动点迭代法，先通过等价变形将它化为

$$x=\varphi(x)$$

的形式，即**把方程求根的问题化为求不动点的问题**.

2. 一旦完成转化，算法为

$$\text{取定 } x_0\in[a,b],\ x_{k+1}=\varphi(x_k),\ k=0,1,2,\cdots.$$

一个不动点迭代算法需要：

- **合适的初值；**
- **恰当的不动点等价形式.**

3. 一个迭代序列$\{x_k\}$收敛到不动点 x^*，意味着 $e_k=x^*-x_k\to 0$.

4. 收敛速度.

假设极限$\lim_{k\to\infty}\frac{|e_{k+1}|}{|e_k|^p}=C$.

- 如果 $p=1$ 且 $C<1$，则称迭代格式**线性(linear)收敛**；
- 如果 $p>1$，则称迭代格式**超线性(superlinear)收敛**；
- 如果 $p=2$，则称迭代格式**二阶(quadratic)收敛**；
- 如果 $p=3$，则称迭代格式**三阶(cubic)收敛.**

5. 全局收敛性定理.

定理 2.1(收敛性定理)　设 $\varphi(x) \in C^1[a,b]$ 且满足:

(1) 如果 $x \in [a,b]$,则 $\varphi(x) \in [a,b]$;

(2) 存在 $L<1$,使得 $|\varphi'(x)| \leqslant L<1$ 对任意 $x \in [a,b]$ 成立,

则如下结论成立:

(1) 存在唯一的 $x^* \in [a,b]$,使得 $\varphi(x^*)=x^*$;

(2) 对任意初值 $x_0 \in [a,b]$,迭代 $x_{k+1}=\varphi(x_k)$ 收敛且

$$\lim_{k\to\infty} x_k = x^*;$$

(3) 事后误差估计:

$$|x^*-x_k| \leqslant \frac{L}{1-L}|x_k-x_{k-1}| \quad (k=1,2,3,\cdots);$$

(4) 事前误差估计:

$$|x^*-x_k| \leqslant \frac{L^k}{1-L}|x_1-x_0| \quad (k=1,2,3,\cdots);$$

(5) $e_k=x^*-x_k$, $\lim\limits_{k\to\infty}\frac{e_{k+1}}{e_k}=\varphi'(x^*)$,即算法至少是线性收敛.

6. 发散性定理.

定理 2.2(定点迭代格式发散定理)　设

(1) $\varphi(x)=x$ 在区间$[a,b]$内有根 x^*;

(2) 当 $x \in [a,b]$ 时,$|\varphi'(x)| \geqslant 1$,

则对任意的初值 $x_0 \in [a,b]$ 且 $x_0 \neq x^*$,**格式 $x_{k+1}=\varphi(x_k)$ 一定发散.**

7. 局部收敛性定理.

定理 2.3(局部收敛性定理)　设 $\varphi(x)=x$ 有根 x^*,且在 x^* 的**某个小邻域内**一阶连续可导,则有如下结论成立:

(1) 当 $|\varphi'(x^*)|<1$ 时,定点迭代**局部收敛**;

(2) 当 $|\varphi'(x^*)|>1$ 时,定点迭代发散.

注　本定理并不涉及 $|\varphi'(x^*)|=1$ 时的结果.

8. 关于收敛速度的定理.

定理 2.4　若 $\varphi(x)$ 在 x^* 的某个邻域内有 $p(p\geqslant 1)$ 阶连续导数,且

$$\varphi^{(j)}(x^*)=0 \quad (j=1,2,\cdots,p-1), \quad \varphi^{(p)}(x^*) \neq 0,$$

则迭代格式在 x^* 附近 p 阶局部收敛,且有

$$\lim_{k\to\infty}\frac{e_{k+1}}{e_k^p}=(-1)^{p-1}\frac{\varphi^{(p)}(x^*)}{p!}.$$

当 $p=1$ 时,要求 $|\varphi'(x^*)|<1$.

2.1.5　牛顿法

1. 方程 $f(x)=0$ 求根的牛顿法为

$$x_{k+1}=x_k-\frac{f(x_k)}{f'(x_k)}.$$

2. 牛顿法的导出方式有多种,其中蕴含了重要的数值思想. 但从记忆或者理解的角度来说,几何法是有意义的. 考虑图 2.1:

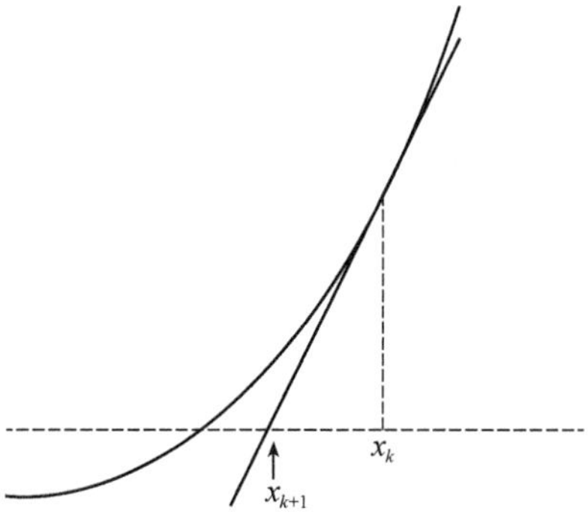

图 2.1　牛顿法的几何解释

假设已得到 x_k,经过它的切线方程为

$$y=f'(x_k)(x-x_k)+f(x_k),$$

因此

$$x_{k+1}=x_k-\frac{f(x_k)}{f'(x_k)},$$

即得到了所谓的 Newton 法公式.

3. 将 Newton 法视为一个不动点迭代格式为

$$x_{k+1}=\varphi(x_k),\quad \varphi(x)=x-\frac{f(x)}{f'(x)}.$$

计算导数得到

$$\varphi'(x)=1-\frac{f'(x)}{f'(x)}+\frac{f(x)f''(x)}{[f'(x)]^2}=\frac{f(x)f''(x)}{[f'(x)]^2}.$$

将 $x=x^*$ 代入上式,得到

$$\varphi'(x^*)=\frac{f(x^*)f''(x^*)}{[f'(x^*)]^2}.$$

据此得到**结论如下:**

- 当 x^* **为单根时**,$\varphi'(x^*)=0$,**Newton 法 2 阶局部收敛.**
- 当 x^* **为多重根时**,由于 $f'(x^*)=0$,无法得到结论.

4. 事实上,当 x^* 为 m **重根时,Newton 法线性收敛**且 $C=1-\frac{1}{m}$,甚至重数越高,收敛速度就越慢.

证明 设 x^* 是方程 $f(x)=0$ 的 m 重根,则根据定义得到

$$f(x)=(x-x^*)^m g(x),\quad g(x^*)\neq 0,$$

进而

$$f'(x)=(x-x^*)^{m-1}(mg(x)+(x-x^*)g'(x)),$$

$$\varphi(x)=x-\frac{(x-x^*)g(x)}{mg(x)+(x-x^*)g'(x)}\quad (x\neq x^*),\quad \varphi(x^*)=x^*,$$

$$\begin{aligned}\varphi'(x^*)&=\lim_{x\to x^*}\frac{\varphi(x)-\varphi(x^*)}{x-x^*}\\&=\lim_{x\to x^*}\frac{1}{x-x^*}\left(x-\frac{(x-x^*)g(x)}{mg(x)+(x-x^*)g'(x)}-x^*\right)\\&=1-\frac{1}{m}.\end{aligned}$$

5. 牛顿法的收敛性结论.

定理 2.5 设 $f\in C^2[a,b]$,且存在 $x^*\in[a,b]$,$f(x^*)=0$.若

$$f'(x^*)\neq 0,$$

则存在一个 δ,当

$$x_0\in[x^*-\delta,x^*+\delta]=J_0,\quad f(x_0)\cdot f'(x_0)\neq 0$$

时,由

$$x_{k+1}=x_k-\frac{f(x_k)}{f'(x_k)},\quad k=0,1,2,\cdots$$

定义的序列 $\{x_k\}$ 收敛到 x^*.进一步的,如果设 $M=\max\limits_{x\in J_0}|f''(x)|$,则

$$|x_{k+1}-x_k|\leqslant\frac{M}{2|f'(x_k)|}\cdot|x_k-x_{k-1}|^2,\quad k=1,2,\cdots,$$

$$|x^*-x_{k+1}|\leqslant\frac{M}{2|f'(x_k)|}\cdot|x_k-x_{k-1}|^2,\quad k=1,2,\cdots.$$

6. 牛顿法的收敛速度:$\lim\limits_{k\to\infty}\frac{e_{k+1}}{e_k^2}=-\frac{f''(x^*)}{2f'(x^*)}$.

- 按照**定理 2.4** 的结论,得到 $\lim\limits_{k\to\infty}\frac{e_{k+1}}{e_k^2}=-\frac{\varphi''(x^*)}{2}$.
- 计算 $\varphi''(x^*)$ 如下:

$$\begin{aligned}\varphi''(x^*)&=\lim_{x\to x^*}\frac{\varphi'(x)-\varphi'(x^*)}{x-x^*}\\&=\lim_{x\to x^*}\frac{f''(x)}{[f'(x)]^2}\cdot\frac{f(x)-f(x^*)}{x-x^*}=\frac{f''(x^*)}{f'(x^*)}.\end{aligned}$$

- 把求得的 $\varphi''(x^*)$ 代入上式即可.

7. 重根修正.

- **方案 1**　格式

$$x_{k+1}=x_k-m\frac{f(x_k)}{f'(x_k)}$$

至少是 2 阶收敛的.

- **方案 2**　考虑函数

$$u(x)=\frac{f(x)}{f'(x)},$$

若 x^* 是方程 $f(x)=0$ 的 m 重根,则 x^* 是 $u(x)=0$ 的单根. 如果**直接对 $u(x)$ 应用 Newton 公式**,算法是 2 阶收敛的.

8. 割线法.

- Newton 法用切线作为曲线的近似,但如果提供两个点

$$(x_{k-1},f(x_{k-1})),\quad (x_k,f(x_k)),$$

也可以用这两个点的割线作为曲线的近似. 或者干脆令

$$f'(x_k)\approx\frac{f(x_k)-f(x_{k-1})}{x_k-x_{k-1}}.$$

- 给定初值 x_0,x_1,**割线法(Secant Method)** 通常会写成

$$x_{k+1}=x_k-f(x_k)\cdot\frac{x_k-x_{k-1}}{f(x_k)-f(x_{k-1})}.$$

- 割线法并不是不动点迭代法,而只能算是一种**具有记忆的不动点迭代**.
- 割线法的收敛阶为 $p=1.618$.

2.1.6　非线性方程组的解法

1. 含有 2 个方程的方程组的不动点迭代法.

假设给定方程组

$$\begin{cases}f(x,y)=0,\\g(x,y)=0,\end{cases}$$

将其化为

$$\begin{cases}x=\varphi_1(x,y),\\y=\varphi_2(x,y),\end{cases}$$

其中函数 $\varphi_1(x,y),\varphi_2(x,y)$ 称为迭代函数. 给定初值 (x_0,y_0),则可以建立格式

$$\begin{cases}x_{k+1}=\varphi_1(x_k,y_k),\\y_{k+1}=\varphi_2(x_k,y_k),\end{cases}$$

这就是 2 维问题的不动点迭代法. 甚至有如下定理:

定理 2.6 给定方程组

$$\begin{cases}f(x,y)=0,\\g(x,y)=0,\end{cases}$$

并设该方程组在闭矩形

$$D=\{(x,y)\mid a\leqslant x\leqslant b,c\leqslant y\leqslant d\}$$

内有且仅有一个解 $x=x^*,y=y^*$. 如果

(1) 函数 $\varphi_1(x,y),\varphi_2(x,y)$ 在 D 中有定义且连续可微;

(2) 点列 $\{x_k,y_k\}(k=0,1,2,\cdots)$ 均属于 D;

(3) 在 D 中成立

$$\left|\frac{\partial\varphi_1}{\partial x}\right|+\left|\frac{\partial\varphi_2}{\partial x}\right|\leqslant L_1<1,\quad \left|\frac{\partial\varphi_1}{\partial y}\right|+\left|\frac{\partial\varphi_2}{\partial y}\right|\leqslant L_2<1,$$

则迭代格式

$$\begin{cases}x_{k+1}=\varphi_1(x_k,y_k),\\y_{k+1}=\varphi_2(x_k,y_k)\end{cases}$$

收敛到方程组的解 (x^*,y^*).

注 条件(3) 改为 $\left|\frac{\partial\varphi_i}{\partial x}\right|+\left|\frac{\partial\varphi_i}{\partial y}\right|\leqslant L_i<1$ 时,结论也成立.

2. 含有 2 个方程的方程组的牛顿法.

考虑 2 维情形,假定下述问题

$$\begin{cases}f(x,y)=0,\\g(x,y)=0\end{cases}$$

有根 (x^*,y^*),此时**线性化的思想依旧可用.**

若给定 (x,y),实际解为 $(x+\Delta x,y+\Delta y)$,则

$$\begin{cases}0=f(x+\Delta x,y+\Delta y)=f(x,y)+f_x\Delta x+f_y\Delta y+o(\rho),\\0=g(x+\Delta x,y+\Delta y)=g(x,y)+g_x\Delta x+g_y\Delta y+o(\rho),\end{cases}$$

其中 $\rho=\sqrt{(\Delta x)^2+(\Delta y)^2}$. 用矩阵语言描述得到如下近似关系:

$$-\begin{bmatrix}f(x,y)\\g(x,y)\end{bmatrix}\approx\begin{bmatrix}f_x & f_y\\g_x & g_y\end{bmatrix}\begin{bmatrix}\Delta x\\\Delta y\end{bmatrix}.$$

求解这个系统,得到误差

$$\begin{bmatrix}\Delta x\\\Delta y\end{bmatrix}\approx-\begin{bmatrix}f_x & f_y\\g_x & g_y\end{bmatrix}^{-1}\begin{bmatrix}f(x,y)\\g(x,y)\end{bmatrix},$$

进而得到迭代格式:

$$\begin{bmatrix}x_{k+1}\\y_{k+1}\end{bmatrix}=\begin{bmatrix}x_k\\y_k\end{bmatrix}-\begin{bmatrix}f_x(x_k,y_k) & f_y(x_k,y_k)\\g_x(x_k,y_k) & g_y(x_k,y_k)\end{bmatrix}^{-1}\begin{bmatrix}f(x_k,y_k)\\g(x_k,y_k)\end{bmatrix},$$

其中$\begin{bmatrix} f_x(x_k,y_k) & f_y(x_k,y_k) \\ g_x(x_k,y_k) & g_y(x_k,y_k) \end{bmatrix}$是 **Jacobi 矩阵**(记为 $\boldsymbol{J}_k$).

对于更一般的问题 $f(\boldsymbol{x})=\boldsymbol{0}, f:\mathbf{R}^n \Rightarrow \mathbf{R}^n$,格式为

$$\boldsymbol{x}_{k+1}=\boldsymbol{x}_k-\boldsymbol{J}_f^{-1}(\boldsymbol{x}_k)\cdot f(\boldsymbol{x}_k).$$

注　求逆运算不应直接计算,而要通过解方程组实现.实际的计算过程为

$$\boldsymbol{J}_f(\boldsymbol{x}_k)\Delta\boldsymbol{x}_k=-f(\boldsymbol{x}_k),\quad \boldsymbol{x}_{k+1}=\boldsymbol{x}_k+\Delta\boldsymbol{x}_k.$$

2.2　典型例题解析

例 1　判断方程 $x^3-5x-3=0$ 有几个实根,并给出合适的有根区间.

解　• 令 $f(x)=x^3-5x-3$,则 $f'(x)=3x^2-5$,再由 $3x^2-5=0$ 可得函数 $f(x)$ 的驻点为 $\pm\sqrt{\frac{5}{3}}$.

• 于是 $f(x)$ 在 $\left(-\infty,-\sqrt{\frac{5}{3}}\right)$ 上单调增加,在 $\left[-\sqrt{\frac{5}{3}},\sqrt{\frac{5}{3}}\right]$ 上单调减少,在 $\left(\sqrt{\frac{5}{3}},+\infty\right)$ 上单调增加.

• 根据

$$f(-\infty)=-\infty,\quad f\left(-\sqrt{\frac{5}{3}}\right)>0,\quad f\left(\sqrt{\frac{5}{3}}\right)<0,\quad f(+\infty)=+\infty,$$

可知 $f(x)$ 在三个单调区间上均有一个的实根.

• 又

$$f(-2)=-1<0,\quad f(-1)=1>0,\quad f(0)=-3,$$
$$f(2)=-5<0,\quad f(3)=9>0,$$

则有根区间可以分别修正为

$$(-2,-1),\quad (-1,0),\quad (2,3).$$

例 2　已知函数 $f(x)=0$ 在区间 $[a,b]$ 上有根 x^*,若 x_k 是根 x^* 的第 k 次近似,且 $x_k\in[a,b]$,证明:

$$|x^*-x_k|\leqslant\frac{|f(x_k)|}{m},\quad 其中\ m=\min_{a\leqslant x\leqslant b}|f'(x)|\neq 0.$$

证明　• 根据 Taylor 公式可得

$$f(x^*)=f(x_k)+f'(\xi_k)(x^*-x_k),$$

其中 ξ_k 位于 x_k,x^* 之间.

• 根据 $f(x^*)=0$,得到

$$x^{*}-x_{k}=-\frac{f(x_{k})}{f'(\xi_{k})}.$$

• 上式两端取绝对值即得

$$|x^{*}-x_{k}|=\frac{|f(x_{k})|}{|f'(\xi_{k})|}\leqslant\frac{|f(x_{k})|}{m}.$$

注 本题不需要设计具体的迭代格式.

例 3 证明方程 $1-x-\sin x=0$ 在 $[0,1]$ 内有唯一实根. 应用二分法求它的根时,要使结果误差不超过 0.5×10^{-4},至少应对分多少次?

解 • 令 $f(x)=1-x-\sin x$,则

$$f'(x)=-1-\cos x<0,\quad 0\leqslant x\leqslant 1.$$

又 $f(0)=1$,$f(1)=-\sin 1$,则方程在 $[0,1]$ 内有唯一实根.

• 要使结果误差不超过 0.5×10^{-4},则对分次数应满足

$$\frac{1}{2^{k+1}}\leqslant 0.5\times10^{-4}\Rightarrow k\geqslant 13.2877,$$

即至少应对分 14 次.

例 4 能不能直接用迭代法求解下列方程? 如果不能,将其改写为可以用迭代法求解的形式.

(1) $x=\dfrac{\cos x+\sin x}{4}$;　　(2) $x=4-2^{x}$.

解 (1) 令 $\varphi(x)=\dfrac{\cos x+\sin x}{4}$,则

$$\varphi'(x)=\frac{\cos x-\sin x}{4}\Rightarrow|\varphi'(x)|\leqslant\frac{\sqrt{2}}{4}<1,$$

因此可以用迭代法求解.

(2) • 首先容易得到方程 $x+2^{x}-4=0$ 在 $[1,2]$ 内有唯一的实根.

• 令 $\varphi(x)=4-2^{x}$,则 $\varphi'(x)=-2^{x}\ln 2$. 而 $|\varphi'(x)|\geqslant 2\ln 2>1$,因此不能直接用迭代法求解.

• 将方程改写为 $x=\dfrac{\ln(4-x)}{\ln 2}$,由

$$\varphi(x)=\frac{\ln(4-x)}{\ln 2}\Rightarrow\varphi'(x)=-\frac{1}{(4-x)\ln 2}.$$

当 $x\in[1,2]$ 时,可得

$$|\varphi'(x)|=\frac{1}{(4-x)\ln 2}\leqslant\frac{1}{2\ln 2}<1,$$

此时可以直接用迭代法求解.

例 5 求方程 $x^{3}-x^{2}-0.8=0$ 在 $x_{0}=1.5$ 附近的根 x^{*}.

(1) 试分析如下 2 个迭代格式的收敛性:

$$x_{k+1}^{(1)}=\sqrt[3]{0.8+x_k^2},\quad x_{k+1}^{(2)}=\sqrt{x_k^3-0.8}.$$

(2) 选择一种收敛较快的格式求出 x^*,要求精确至 4 位有效数字.

解　(1) 令 $f_1(x)=\sqrt[3]{0.8+x^2}$,$f_2(x)=\sqrt{x^3-0.8}$,则

$$f'_1(x)=\frac{2x}{3(x^2+0.8)^{2/3}}\Rightarrow f'_1(1.5)\approx 0.475481,$$

$$f'_2(x)=\frac{3x^2}{2\sqrt{x^3-0.8}}\Rightarrow f'_2(1.5)\approx 2.10322,$$

因此格式 1 收敛,格式 2 发散.

(2) 选择格式 1 进行计算,取 $x_0=1.5$,计算结果如下:

1.45022, 1.42656, 1.41532, 1.40998, 1.40745,

1.40625, 1.40568, 1.40541, 1.40528, 1.40522,

因此 $x^*\approx 1.405$.

例 6　确定求 $3x^2-e^x=0$ 正根的不动点迭代的收敛区间$[a,b]$,并求出满足

$$|x_{k+1}-x_k|\leqslant 10^{-4}$$

的近似值.若要求近似值的误差不超过 $\varepsilon=10^{-4}$,至少应迭代几次?

提示　本题**不具有唯一的答案**,只要内容自洽即可.题目涉及事前误差估计

$$|x^*-x_k|\leqslant\frac{L^k}{1-L}|x_1-x_0|\quad(k=1,2,3,\cdots).$$

解　• 为分析方程的根,可以先取对数得到 $2\ln x+\ln 3=x$,令

$$f(x)=x-2\ln x-\ln 3\Rightarrow f'(x)=1-\frac{2}{x},$$

则 $f(x)$ 在$(0,2)$ 内单调减少,在$(2,+\infty)$ 内单调增加.又

$$f(0)=+\infty,\quad f(1)<0,\quad f(2)<0,\quad f(3)<0,\quad f(4)>0,$$

因此根位于区间$(0,1)$,$(3,4)$.

• 为求$(0,1)$ 中的根,令 $\varphi(x)=\sqrt{\frac{e^x}{3}}$,$\varphi'(x)=\frac{\sqrt{e^x}}{2\sqrt{3}}$,且 $x\in(0,1)$ 时,有

$$0<\varphi'(x)<0.475945,$$

因此设计迭代格式为

$$x_0=1.0,\quad x_{k+1}=\sqrt{\frac{e^{x_k}}{3}},\quad k=0,1,2,\cdots,$$

计算结果为

0.95189, 0.929265, 0.918812, 0.914022, 0.911836,

0.91084, 0.910386, 0.910180, 0.910086,

其中 $|x_9-x_8|<10^{-4}$，因此 $x_1^*\approx 0.910086\approx 0.9101$.

至少迭代步数的求法如下：已知 $x_0=1.0$，$x_1=0.95189$，$L_1=0.475945$，因此为使得 $|x_1^*-x_k|\leqslant 10^{-4}$，要求

$$\frac{0.475945^k}{1-0.475945}\times 0.0481103\leqslant 10^{-4}\Rightarrow k\geqslant 9.18878,$$

所以取 $k=10$.

• 为求(3,4)中的根，令 $\varphi(x)=2\ln x+\ln 3$，$\varphi'(x)=\dfrac{2}{x}$，且 $x\in(3,4)$ 时，有

$$\frac{1}{2}<\varphi'(x)<\frac{2}{3},$$

因此设计迭代格式为

$$x_0=3.5,\quad x_{k+1}=\ln 3+2\ln x_k,\quad k=0,1,2,\cdots,$$

计算结果为

$$3.60414,\ 3.66278,\ 3.69506,\ \cdots,\ 3.73282,\ 3.73294,\ 3.73300,$$

经验证 $|x_{13}-x_{12}|=0.0000648984<10^{-4}$，因此 $x_2^*\approx 3.733$.

至少迭代步数的求法如下：已知 $x_0=3.5$，$x_1=3.60414$，$L_1=\dfrac{2}{3}$，因此为使得 $|x_2^*-x_k|\leqslant 10^{-4}$，要求

$$\frac{\left(\frac{2}{3}\right)^k}{1-\frac{2}{3}}\times 0.104138\leqslant 10^{-4}\Rightarrow k\geqslant 19.8461,$$

所以取 $k=20$.

注　求不同的正根时需要选取不同的迭代格式. 本题涉及区间的选取，因此不建议直接用牛顿法.

例 7　证明：对任何初值 x_0，由

$$x_{k+1}=\cos x_k\quad (k=0,1,2,\cdots)$$

生成的序列都收敛到 $x=\cos x$ 的根.

提示　本题是一道全局性收敛的题目.

证明　• 首先，$x=\cos x$ 的根 x^* 必定位于 $[-1,1]$ 内(尽管我们可以限制根位于 $[0,1]$ 内，但 $[-1,1]$ 足够了).

• 对于任意 x_0，有 $x_1=\cos x_0\in[-1,1]$，因此只需要考虑位于 $[-1,1]$ 内的初值.

• 令 $\varphi(x)=\cos x$，则

$$|\varphi'(x)|=|\sin x|\leqslant \sin 1,\quad x\in[-1,1],$$

即 $L=\sin 1<1$.

• 又 $x_k \in [-1,1](k=1,2,\cdots)$ 恒成立，从而根据**定理 2.1**，有

$$\lim_{k\to\infty} x_k = x^*.$$

类似题目　设方程 $12-3x+2\cos x=0$ 有迭代格式 $x_{k+1}=4+\dfrac{2}{3}\cos x_k$，证明：对任何初值 x_0，该格式均收敛.（请读者自行证明）

例 8　设 $f(x)=0$ 有根 x^*，且

$$0<m\leqslant f'(x)\leqslant M,$$

试证明：对任意 $0<\lambda<\dfrac{2}{M}$，$x_{k+1}=x_k-\lambda f(x_k)$ 均收敛到 x^*.

提示　按照局部收敛考虑，只需要验证导数关系.

证明　• 令 $\varphi(x)=x-\lambda f(x)$，则 $\varphi'(x)=1-\lambda f'(x)$.

• 由 $0<\lambda f'(x)\leqslant \lambda M<2$ 可得 $-1<1-\lambda f'(x)<1$，则 $|\varphi'(x)|<1$ 恒成立.

• $f(x)=0$ 有唯一的根，则 $\lim\limits_{k\to\infty} x_k=x^*$ 成立.

例 9　设 $F(x)=x+c(x^2-3)$，应如何选取 c，使得 $x_{k+1}=F(x_k)$ 具有局部收敛性？c 如何取值，这个格式收敛较快？

解　• 首先，$x=F(x)$ 的根为 $x^*=\pm\sqrt{3}$.

• 其次，$F'(x)=1+2cx$. 为保证局部收敛性，必须 $|F'(x^*)|<1$，即

$$-1<cx^*<0.$$

当 $x^*=\sqrt{3}$ 时，$-\dfrac{1}{\sqrt{3}}<c<0$，当 $x^*=-\sqrt{3}$ 时，$0<c<\dfrac{1}{\sqrt{3}}$，即有

$$|c|<\frac{1}{\sqrt{3}},\quad c\neq 0.$$

• 为使得收敛速度较快，令

$$F'(x^*)=1+2cx^*=0,$$

则 $c=\mp\dfrac{1}{2\sqrt{3}}$，对应的格式将分别至少 2 阶收敛到 $\pm\sqrt{3}$.

例 10　设 $a>0$，$x_0>0$，证明：迭代格式 $x_{k+1}=\dfrac{x_k(x_k^2+3a)}{3x_k^2+a}$ 是计算 $\sqrt{a}$ 的 3 阶算法.

提示　按照题目的要求，应该说明

$$\lim_{k\to\infty} x_k=\sqrt{a} \quad 和 \quad \lim_{k\to\infty}\frac{|x_{k+1}-\sqrt{a}|}{|x_k-\sqrt{a}|^3}=C\quad (C\neq 0).$$

证明　• 令 $\varphi(x)=\dfrac{x(x^2+3a)}{3x^2+a}$，则 $\varphi'(x)=\dfrac{3(x^2-a)^2}{(3x^2+a)^2}$.

• 当 $a>0$ 时，必有 $0<\varphi'(x)<\frac{1}{3}$，且 $\sqrt{a}=\varphi(\sqrt{a})$.

• 因此

$$|x_{k+1}-\sqrt{a}|=|\varphi(x_k)-\varphi(\sqrt{a})|\leqslant\frac{1}{3}|x_k-\sqrt{a}|$$

$$\leqslant\cdots\leqslant\frac{1}{3^{k+1}}|x_0-\sqrt{a}|,$$

即得 $\lim\limits_{k\to\infty}x_k=\sqrt{a}$.

• 而

$$x_{k+1}-\sqrt{a}=\frac{x_k(x_k^2+3a)}{3x_k^2+a}-\sqrt{a}=\frac{x_k^3+3ax_k-3x_k^2\sqrt{a}-(\sqrt{a})^3}{3x_k^2+a}$$

$$=\frac{(x_k-\sqrt{a})^3}{3x_k^2+a},$$

因此

$$\lim_{k\to\infty}\frac{x_{k+1}-\sqrt{a}}{(x_k-\sqrt{a})^3}=\frac{1}{4a}\neq 0,$$

即迭代格式 3 阶收敛到 $\sqrt{a}$.

例 11 已知 $x=F(x)$ 在 $[a,b]$ 内仅有一个根，且当 $x\in[a,b]$ 时，有

$$|F'(x)|>L>1\quad(L\text{ 为常数}),$$

试问如何将 $x=F(x)$ 化为适合于迭代的形式.

提示 收敛的关键条件是导数的绝对值不超过 1.

解 将 $x=F(x)$ 改写为 $x=F^{-1}(x)$. 令 $y=F^{-1}(x)$，则 $x=F(y)$，因此

$$y'(x)=\frac{1}{F'(y)}.$$

根据题意，有

$$|(F^{-1}(x))'|=\frac{1}{|F'(y)|}\leqslant\frac{1}{L}<1,$$

因此 $x_{k+1}=F^{-1}(x_k)$ 局部收敛.

例 12 给定方程 $x-2\cos x=0$.

(1) 分析该方程存在几个根；

(2) 用迭代法求出这些根(精确到 4 位有效数字)，并说明所用迭代格式为什么是收敛的.

提示 这是一种非常常见的出题方式.

解 (1) 首先注意到方程的根必定位于 $[-2,2]$ 内. 令 $f(x)=x-2\cos x$，则

$$f'(x)=1+2\sin x,$$

再由

$$f'(x)=0 \Rightarrow x=-\frac{\pi}{6},$$

因此 $f(x)$ 在 $\left(-2,-\frac{\pi}{6}\right)$ 内单调减少，在 $\left(-\frac{\pi}{6},2\right)$ 内单调增加. 又

$$f(-2)=-1.16771<0, \quad f\left(-\frac{\pi}{6}\right)=-2.25565,$$

$$f(0)=-2<0, \quad f\left(\frac{\pi}{2}\right)=\frac{\pi}{2}>0,$$

因此方程在 $\left(0,\frac{\pi}{2}\right)$ 内有唯一实根.

(2) 采用牛顿法计算(根据**定理 2.5** 可知一定收敛). 计算格式为

$$x_0=\frac{\pi}{4}, \quad x_{k+1}=x_k-\frac{f(x_k)}{f'(x_k)}, \quad k=0,1,2,\cdots,$$

结果为 $x_1=1.04586$, $x_2=1.02991$, $x_3=1.02987$, 则 $x^*\approx 1.030$.

例 13　分析方程 $x^3+2x^2+10x-20=0$ 有几个实根，并用分别用牛顿法和割线法求解这些根，结果保留 5 位有效数字.

解　• 令 $f(x)=x^3+2x^2+10x-20$, 则 $f'(x)=3x^2+4x+10>0$. 又

$$f(1)<0, \quad f(2)>0,$$

因此方程仅有一个实根且位于 $(1,2)$.

• 牛顿法的格式为

$$x_{k+1}=x_k-\frac{x_k^3+2x_k^2+10x_k-20}{3x_k^2+4x_k+10}, \quad k=0,1,2,\cdots.$$

取初值为 $x_0=1.0$, 结算结果为

$$1, 1.41176, 1.36934, 1.36881, 1.36881, \cdots,$$

因此取 $x_4=1.3688$.

• 割线法的格式为

$$x_{k+1}=x_k-\frac{x_k^3+2x_k^2+10x_k-20}{x_k^3+2x_k^2+10x_k-x_{k-1}^3-2x_{k-1}^2-10x_{k-1}}(x_k-x_{k-1}),$$

其中 $k=1,2,\cdots$. 取初值为 $x_0=1$, $x_1=2$, 计算结果为

$$1, 2, 1.304348, 1.357912, 1.369013, 1.368807, 1.368808, \cdots,$$

因此取 $x_6=1.3688$.

例 14　分别用牛顿法和重根修正方案 1 计算方程

$$\left(\sin x-\frac{x}{2}\right)^2=0$$

的一个近似根，取初值为 $x_0=\frac{\pi}{2}$, 结果保留 6 位有效数字.

提示 显然方程$\left(\sin x-\frac{x}{2}\right)^2=0$的根有3个,且均为二重根.

解 • 令$f(x)=\left(\sin x-\frac{x}{2}\right)^2$,则

$$f'(x)=2\left(\sin x-\frac{x}{2}\right)\left(\cos x-\frac{1}{2}\right).$$

• 牛顿法的公式为

$$x_{k+1}=x_k-\frac{f(x_k)}{f'(x_k)}=x_k-\frac{\sin x_k-\frac{x_k}{2}}{2\cos x_k-1},\quad k=0,1,2,\cdots,$$

将$x_0=\frac{\pi}{2}$代入上式,得到$x_{16}\approx 1.89549$为所求近似根.

• 因为根为二重根,因此重根修正方案1的格式为

$$x_{k+1}=x_k-2\frac{f(x_k)}{f'(x_k)}=x_k-2\frac{\sin x_k-\frac{x_k}{2}}{2\cos x_k-1},\quad k=0,1,2,\cdots,$$

将$x_0=\frac{\pi}{2}$代入上式,得到$x_4\approx 1.89549$为所求近似根.

注 可以通过如下 **Mathematica** 代码(以重根修正方案1为例)验证:

```
Plot[{Sin[x],x/2},{x,-Pi,Pi}]
list=FixedPointList[#-2(Sin[#]-#/2)/(2Cos[#]-1)&,
Pi/2.0,20]
n=list//Length
err=Table[list[[i+1]]-list[[i]],{i,1,n-1}]
```

例 15 应用牛顿法于方程$x^n-a=0$和$1-ax^{-n}=0$,分别导出计算$\sqrt[n]{a}$的迭代公式,并求$\lim\limits_{k\to\infty}\frac{\sqrt[n]{a}-x_{k+1}}{(\sqrt[n]{a}-x_k)^2}$.

解 • 令$f(x)=x^n-a$,则$f'(x)=nx^{n-1}$,对应的牛顿法公式为

$$x_{k+1}=x_k-\frac{f(x_k)}{f'(x_k)}=x_k-\frac{x_k^n-a}{nx_k^{n-1}}=\frac{(n-1)x_k^n+a}{nx_k^{n-1}}.$$

又$f''(x)=n(n-1)x^{n-2}$,根据前面定理,得到

$$\lim_{k\to\infty}\frac{\sqrt[n]{a}-x_{k+1}}{(\sqrt[n]{a}-x_k)^2}=-\frac{n-1}{2\sqrt[n]{a}}.$$

• 令$f(x)=1-ax^{-n}$,则$f'(x)=anx^{-n-1}$,对应的牛顿法公式为

$$x_{k+1}=x_k-\frac{f(x_k)}{f'(x_k)}=x_k-\frac{1-ax_k^{-n}}{anx_k^{-n-1}}=\frac{a(n+1)x_k-x_k^{n+1}}{an}.$$

又 $f''(x)=-an(n+1)x^{-n-2}$，根据前面定理，得到

$$\lim_{k\to\infty}\frac{\sqrt[n]{a}-x_{k+1}}{(\sqrt[n]{a}-x_k)^2}=\frac{n+1}{2\sqrt[n]{a}}.$$

例 16　设

$$\varphi(x)=x-p(x)f(x)-q(x)f^2(x),$$

试确定 $p(x)$ 和 $q(x)$，使得求解方程 $f(x)=0$ 时，以 $x=\varphi(x)$ 构造的迭代格式至少 3 阶收敛.

解　• 根据题意，假设 $f(x^*)=0$ 成立，为求出该根，需要

$$x^*=\varphi(x^*),\quad \varphi'(x^*)=\varphi''(x^*)=0.$$

• 因此得到

$$x^*=x^*-p(x^*)f(x^*)-q(x^*)f^2(x^*),$$
$$\varphi'(x^*)=1-p(x^*)f'(x^*)=0,$$
$$\varphi''(x^*)=-2p'(x^*)f'(x^*)-p(x^*)f''(x^*)-2q(x^*)[f'(x^*)]^2$$
$$=0.$$

• 先解得 $p(x^*)=\dfrac{1}{f'(x^*)}$，因此取 $p(x)=\dfrac{1}{f'(x)}$，此时

$$p'(x^*)=-\frac{f''(x^*)}{[f'(x^*)]^2}.$$

• 进而得到 $q(x^*)=\dfrac{f''(x^*)}{2[f'(x^*)]^3}$，因此选择 $q(x)=\dfrac{f''(x)}{2[f'(x)]^3}$.

• 综上，当 $p(x)=\dfrac{1}{f'(x)}$，$q(x)=\dfrac{f''(x)}{2[f'(x)]^3}$ 时，格式至少 3 阶收敛.

例 17　对方程组

$$\begin{cases}x^2+y^2=4,\\ x^2-y^2=1,\end{cases}$$

以(1.6,1.2)为初值用牛顿法执行两次迭代，结果保留 3 位有效数字.

解　• 先计算 Jacobi 矩阵为 $\boldsymbol{J}=\begin{bmatrix}2x & 2y\\ 2x & -2y\end{bmatrix}$，则牛顿法的公式为

$$\begin{bmatrix}x_{k+1}\\ y_{k+1}\end{bmatrix}=\begin{bmatrix}x_k\\ y_k\end{bmatrix}-\begin{bmatrix}2x_k & 2y_k\\ 2x_k & -2y_k\end{bmatrix}^{-1}\begin{bmatrix}x_k^2+y_k^2-4\\ x_k^2-y_k^2-1\end{bmatrix}.$$

• 根据题意 $\begin{bmatrix}x_0\\ y_0\end{bmatrix}=\begin{bmatrix}1.6\\ 1.2\end{bmatrix}$，$\boldsymbol{J}_0=\begin{bmatrix}3.2 & 2.4\\ 3.2 & -2.4\end{bmatrix}$，因此得到

$$\begin{bmatrix}3.2 & 2.4\\ 3.2 & -2.4\end{bmatrix}\begin{bmatrix}\Delta x_0\\ \Delta y_0\end{bmatrix}=\begin{bmatrix}0\\ 0.12\end{bmatrix},$$

解得$\begin{bmatrix}\Delta x_0\\ \Delta y_0\end{bmatrix}=\begin{bmatrix}0.0187\\ -0.0250\end{bmatrix}$，进而

$$\begin{bmatrix}x_1\\ y_1\end{bmatrix}=\begin{bmatrix}1.6\\ 1.2\end{bmatrix}-\begin{bmatrix}0.0187\\ -0.0250\end{bmatrix}=\begin{bmatrix}1.5813\\ 1.2250\end{bmatrix}.$$

• 计算得到$\boldsymbol{J}_1=\begin{bmatrix}3.1626 & 2.4500\\ 3.1626 & -2.4500\end{bmatrix}$，因此

$$\begin{bmatrix}3.1626 & 2.4500\\ 3.1626 & -2.4500\end{bmatrix}\begin{bmatrix}\Delta x_1\\ \Delta y_1\end{bmatrix}=\begin{bmatrix}0.00113469\\ -0.00011531\end{bmatrix},$$

解得$\begin{bmatrix}\Delta x_1\\ \Delta y_1\end{bmatrix}=\begin{bmatrix}0.0001612\\ 0.0002551\end{bmatrix}$，进而

$$\begin{bmatrix}x_2\\ y_2\end{bmatrix}=\begin{bmatrix}1.5813\\ 1.2250\end{bmatrix}-\begin{bmatrix}0.0001612\\ 0.0002551\end{bmatrix}=\begin{bmatrix}1.5811\\ 1.2247\end{bmatrix}\approx\begin{bmatrix}1.58\\ 1.22\end{bmatrix}.$$

注　就题目本身而言，也可以直接求出$\boldsymbol{J}^{-1}=\begin{bmatrix}\dfrac{1}{4x} & \dfrac{1}{4x}\\ \dfrac{1}{4y} & -\dfrac{1}{4y}\end{bmatrix}$.

例 18（拓展题）　设$\tau\in(0,1)$，给定

$$f(x)=x+x^{1+\tau}=0,$$

证明用牛顿法求解该方程时产生的序列（假设初值$x_0>0$）是收敛的，并求出该序列的收敛阶.

提示　注意$f'(x)$存在，但$f''(x)$在$x=0$处不存在.

解　• 首先，按照题意，方程$f(x)=0$有单根 0.

• 该方程对应的牛顿法迭代公式如下：

$$x_{k+1}=x_k-\frac{x_k(1+x_k^\tau)}{1+(1+\tau)x_k^\tau}=\frac{\tau x_k^{1+\tau}}{1+(1+\tau)x_k^\tau},$$

当初值$x_0>0$时，显然$x_k>0$恒成立. 又有关系

$$\frac{x_{k+1}}{x_k}=\frac{\tau x_k^\tau}{1+(1+\tau)x_k^\tau}<\tau,$$

因此$0<x_k<\tau^k x_0$，所以$\lim\limits_{k\to\infty}x_k=0$.

• 根据上面的关系式，显然

$$\lim_{k\to\infty}\frac{x_{k+1}}{x_k^{1+\tau}}=\lim_{k\to\infty}\frac{\tau}{1+(1+\tau)x_k^\tau}=\tau,$$

所以收敛阶为$1+\tau$.

例 19　设$y=f(x)$二阶连续可导，且$f(x)=0$具有单根x^*，证明：牛顿迭代

格式 $x_{k+1}=x_k-\dfrac{f(x_k)}{f'(x_k)}$ 满足

$$\lim_{k\to\infty}\frac{x_{k+1}-x_k}{(x_k-x_{k-1})^2}=-\frac{f''(x^*)}{2f'(x^*)}.$$

提示　本题即前面定理 2.5 中第一个误差关系式的证明.

证法 1　• 首先注意到

$$x_{k+1}-x_k=-\frac{f(x_k)}{f'(x_k)},\quad x_k-x_{k-1}=-\frac{f(x_{k-1})}{f'(x_{k-1})},$$

• 因此

$$\frac{x_{k+1}-x_k}{(x_k-x_{k-1})^2}=-\frac{f(x_k)}{f'(x_k)(x_k-x_{k-1})^2}.$$

• 根据 Taylor 公式得到

$$f(x_k)=f(x_{k-1})+f'(x_{k-1})(x_k-x_{k-1})+\frac{f''(\xi)}{2}(x_k-x_{k-1})^2,$$

其中 ξ 位于 x_k,x_{k-1} 之间.

• 因为 $f(x_{k-1})+f'(x_{k-1})(x_k-x_{k-1})=0$,所以

$$f(x_k)=\frac{f''(\xi)}{2}(x_k-x_{k-1})^2,$$

从而

$$\lim_{k\to\infty}\frac{x_{k+1}-x_k}{(x_k-x_{k-1})^2}=-\lim_{k\to\infty}\frac{f''(\xi)}{2f'(x_k)}=-\frac{f''(x^*)}{2f'(x^*)}.$$

证法 2　• 同样根据

$$x_{k+1}-x_k=-\frac{f(x_k)}{f'(x_k)},\quad x_k-x_{k-1}=-\frac{f(x_{k-1})}{f'(x_{k-1})}$$

可得

$$\frac{x_{k+1}-x_k}{(x_k-x_{k-1})^2}=-\frac{f(x_k)[f'(x_{k-1})]^2}{f'(x_k)[f(x_{k-1})]^2}.$$

• 注意到

$$f(x_k)=f(x_k)-f(x^*)=f'(\xi_k)(x_k-x^*),$$
$$f(x_{k-1})=f'(\eta_{k-1})(x_{k-1}-x^*),$$

其中,ξ_k 位于 x_k,x^* 之间,η_{k-1} 位于 x_{k-1},x^* 之间,

• 因此

$$\frac{x_{k+1}-x_k}{(x_k-x_{k-1})^2}=-\frac{f'(\xi_k)(x_k-x^*)[f'(x_{k-1})]^2}{f'(x_k)[f'(\eta_{k-1})]^2(x_{k-1}-x^*)^2}.$$

• 上式两边取极限即得

$$\lim_{k\to\infty}\frac{x_{k+1}-x_k}{(x_k-x_{k-1})^2}=\lim_{k\to\infty}\frac{x^*-x_k}{(x^*-x_{k-1})^2}=-\frac{f''(x^*)}{2f'(x^*)}.$$

例 20（拓展题） 给定方程 $f(x)=0$.

(1) 导出求根公式 $x_{k+1}=x_k-\dfrac{2f'(x_k)f(x_k)}{2[f'(x_k)]^2-f''(x_k)f(x_k)}$；

(2) 证明：对 $f(x)=0$ 的单根，上述求根公式具有 3 阶收敛速度；

(3) 讨论在方程的重根附近上述求根公式的收敛速度.

提示 题目涉及牛顿法导出方式的推广（见教材牛顿法的导出**方式 4**）.

解 (1) • 根据 Taylor 公式，得到

$$f(x)=f(x_k)+f'(x_k)(x-x_k)+\frac{f''(x_k)}{2!}(x-x_k)^2+O((x-x_k)^3).$$

• 不妨设 $f(x^*)=0$，再在上述公式中令 $x=x^*$，则

$$0=f(x_k)+f'(x_k)(x^*-x_k)+\frac{f''(x_k)}{2!}(x^*-x_k)^2+O((x^*-x_k)^3).$$

• 考虑到求根公式中出现了 $[f'(x_k)]^2$，先解得

$$f'(x_k)(x^*-x_k)=-f(x_k)-\frac{f''(x_k)}{2!}(x^*-x_k)^2-O((x^*-x_k)^3),$$

再两边同乘以 $f'(x_k)$，则

$$[f'(x_k)]^2(x^*-x_k)=-f(x_k)f'(x_k)-\frac{f''(x_k)f'(x_k)}{2!}(x^*-x_k)^2-O((x^*-x_k)^3).$$

• 因为

$$\frac{f''(x_k)f'(x_k)}{2!}(x^*-x_k)^2=f'(x_k)(x^*-x_k)\cdot\frac{f''(x_k)}{2}(x^*-x_k),$$

将解得的 $f'(x_k)(x^*-x_k)$ 代入上式，得到

$$\begin{aligned}&\frac{f''(x_k)f'(x_k)}{2!}(x^*-x_k)^2\\&=-\left(f(x_k)+\frac{f''(x_k)}{2!}(x^*-x_k)^2+O((x^*-x_k)^3)\right)\cdot\frac{f''(x_k)}{2}(x^*-x_k)\\&=-\frac{1}{2}f(x_k)f''(x_k)(x^*-x_k)+O((x^*-x_k)^3).\end{aligned}$$

• 由上即得

$$[f'(x_k)]^2(x^*-x_k)=-f(x_k)f'(x_k)+\frac{1}{2}f(x_k)f''(x_k)(x^*-x_k)$$
$$+O((x^*-x_k)^3),$$

解得

$$x^*-x_k=-\frac{f(x_k)f'(x_k)}{[f'(x_k)]^2-\frac{1}{2}f(x_k)f''(x_k)}+O((x^*-x_k)^3),$$

忽略掉高阶项,得到

$$x^*\approx x_k-\frac{f(x_k)f'(x_k)}{[f'(x_k)]^2-\frac{1}{2}f(x_k)f''(x_k)}.$$

- 令 $x_{k+1}=x_k-\dfrac{f(x_k)f'(x_k)}{[f'(x_k)]^2-\frac{1}{2}f(x_k)f''(x_k)}$,即为所给公式.

(2) 要说明收敛速度为 3,只需注意到

$$\frac{x^*-x_{k+1}}{(x^*-x_k)^3}=\frac{x^*-x_k+\dfrac{f(x_k)f'(x_k)}{[f'(x_k)]^2-\frac{1}{2}f(x_k)f''(x_k)}}{(x^*-x_k)^3}$$
$$=\frac{O((x^*-x_k)^3)}{(x^*-x_k)^3}=O(1),$$

因此在单根附近,迭代格式 3 阶收敛.

(3) • 如果 x^* 是重根,下面以二重根为例说明,其余类似.

- 首先,在由

$$[f'(x_k)]^2(x^*-x_k)=-f(x_k)f'(x_k)+\frac{1}{2}f(x_k)f''(x_k)(x^*-x_k)$$
$$+O((x^*-x_k)^3)$$

导出

$$x^*-x_k=-\frac{f(x_k)f'(x_k)}{[f'(x_k)]^2-\frac{1}{2}f(x_k)f''(x_k)}+O((x^*-x_k)^3)$$

时,**将会出现问题**. 也就是说,格式的迭代速度可能无法达到 3 阶收敛.

- 事实上,利用 Taylor 展开以及 $f(x^*)=f'(x^*)=0$,可得

$$f(x_k)=\frac{1}{2}f''(x^*)(x_k-x^*)^2+O((x^*-x_k)^3),$$
$$f'(x_k)=f''(x^*)(x_k-x^*)+O((x^*-x_k)^2),$$
$$f''(x_k)=f''(x^*)+O(x^*-x_k),$$

再由这些结果得到

$$\frac{x^*-x_{k+1}}{x^*-x_k}=\frac{x^*-x_k+\dfrac{f(x_k)f'(x_k)}{[f'(x_k)]^2-\dfrac{1}{2}f(x_k)f''(x_k)}}{x^*-x_k}$$

$$\approx 1-\frac{[f''(x^*)]^2}{2[f''(x^*)]^2-\dfrac{1}{2}[f''(x^*)]^2}=1-\frac{2}{3}=\frac{1}{3}.$$

也就是说,此时迭代格式是线性收敛.

例 21(程序拓展题) 求解方程 $x=\mathrm{e}^{-x}$ 的根,取初值 $x_0=0.5$,要求分别用不动点迭代法、迭代法的加速

$$y_k=\varphi(x_k),\quad x_{k+1}=y_k+\frac{m}{1-m}(y_k-x_k),\quad m\approx\varphi'(x_0),$$

以及斯蒂芬森加速计算,误差满足 $|x_{k+1}-x_k|\leqslant 10^{-5}$.

提示 这个题目我们通过 Mathematica 编程来完成.

解 • 考虑格式 $x_{k+1}=\mathrm{e}^{-x_k}$,$x_0=0.5$,它的 **Mathematica 代码**如下:

```
f[x_]:=x-Exp[-x];g[x_]:=Exp[-x];
k=0;eps=1;x0=0.5;
result={{"k","xk","eps","f(xk)"}};
AppendTo[result,{k,x0,eps,f[x0]}];
While[eps>=10^-5&&k<100,k++;y0=g[x0];eps=Abs[y0-x0];
AppendTo[result,{k,y0,eps,f[y0]}];x0=y0;]
Grid[result,Frame->All]
Print["f(",x0//InputForm,")=",f[x0]]
```

运行该程序得到

$$k=18,\quad |x_{18}-x_{17}|\approx 0.7\times 10^{-5},$$

$$f(0.5671407632698067)=-0.396039\times 10^{-5}.$$

• 首先得到 $m=\mathrm{e}^{-0.5}\approx 0.606531$. 考虑格式

$$y_k=\mathrm{e}^{-x_k},\quad x_{k+1}=y_k+\frac{0.606531}{1-0.606531}(y_k-x_k),\quad x_0=0.5,$$

它的 **Mathematica 代码**如下:

```
f[x_]:=x-Exp[-x];g[x_]:=Exp[-x];
k=0;eps=1;x0=0.5;m=D[g[x],x]/.x->x0;
result={{"k","yk","xk","eps","f(xk)"}};
AppendTo[result,{k,"",x0,eps,f[x0]}];
While[eps>=10^-5&&k<100,k++;y0=g[x0];z0=y0+m/(1-
m)(y0-x0);
eps=Abs[z0-x0];AppendTo[result,{k,y0,z0,eps,f[z0]}];x0=z0;]
```

```
Grid[result,Frame->All]
Print["f(",x0//InputForm,")=",f[x0]]
```

运行该程序得到

$$k=4,\quad |x_4-x_3|\approx 0.485\times 10^{-6},$$
$$f(0.5671432782198536)=-0.191034\times 10^{-7}.$$

• 斯蒂芬森加速的程序在教材里已有介绍,这里请读者将其修改后自行运行.最终结果为

$$k=3,\quad |x_3-x_2|\approx 0.237\times 10^{-7},$$
$$f(0.567143290409784)=0.111022\times 10^{-15}.$$

由此可见,斯蒂芬森加速的效果非常之好.

2.3　教材习题解析

1. 应用二分法求方程

$$x^3+4x^2-10=0$$

在区间[1,2]上的实根时,如果要使得结果具有 4 位有效数字,至少需要迭代多少次?

解　结果要求具有 4 位有效数字,且区间为[1,2],因此最后一位有效数字位于小数点后第 3 位,所以误差限为

$$\varepsilon=\frac{1}{2}\times 10^{-3}.$$

根据公式得到迭代次数

$$k\geqslant \log_2\frac{1}{\varepsilon}-1=\log_2\frac{1}{\frac{1}{2}\times 10^{-3}}-1\approx 9.96578,$$

从而最少迭代次数取 $k=10$.

2. 求方程 $x^3-x^2-1=0$ 在 1.5 附近的实根,并构造迭代格式:

(1) $x_{k+1}=\varphi_1(x_k)=1+\dfrac{1}{x_k^2}$;　　(2) $x_{k+1}=\varphi_2(x_k)=\sqrt[3]{1+x_k^2}$;

(3) $x_{k+1}=\varphi_3(x_k)=\sqrt{\dfrac{1}{x_k-1}}$.

判断迭代格式的收敛性并选择一种收敛速度较快的格式计算这个根,结果保留 4 位有效数字.

解　首先写出迭代函数,即令

$$\varphi_1(x)=1+\frac{1}{x^2},\quad \varphi_2(x)=\sqrt[3]{1+x^2},\quad \varphi_3(x)=\sqrt{\frac{1}{x-1}}.$$

其次经过简单判断，可知根必定位于 $[1.4,1.5]$ 内.

逐个分析如下：

- $|\varphi_1'(x)|=\dfrac{2}{x^3}$，在区间 $[1.4,1.5]$ 上，有

$$|\varphi_1'(x)|\leqslant|\varphi_1'(1.4)|\approx 0.728863=L_1<1,$$

因此迭代格式(1) 局部收敛；

- $\varphi_2'(x)=\dfrac{2x}{3(x^2+1)^{2/3}}$，在区间 $[1.4,1.5]$ 上，有

$$|\varphi_2'(x)|\leqslant\frac{2\times 1.5}{3(1+1.4^2)^{2/3}}\approx 0.485071=L_2<1,$$

因此迭代格式(2) 局部收敛；

- $|\varphi_3'(x)|=\left|\dfrac{1}{2(x-1)^{3/2}}\right|$，在区间 $[1.4,1.5]$ 上，有

$$|\varphi_3'(x)|\geqslant|\varphi_3'(1.5)|\approx 1.41421>1,$$

因此迭代格式(3) 发散.

由于 $L_2<L_1$，因此选择迭代格式(2) 进行计算.

取初值 $x_0=1.5$，结果要求具有 4 位有效数字，因此只需前 5 位稳定即可. 计算结果如下：

$$1.5,\ 1.48125,\ 1.47271,\ \cdots,\ 1.46571,\ 1.46563,\ 1.4656,$$

所以方程的根为 $x^*\approx 1.466$.

3. 给定方程 $x+e^{-x}-4=0$.

(1) 分析该方程存在几个根；

(2) 用迭代法求出这些根(精确到 4 位有效数字)，并说明所用格式是收敛的.

解 (1) 记 $f(x)=x+e^{-x}-4$，可得

$$f'(x)=1-e^{-x},\quad f'(0)=0,$$

则当 $x>0$ 时函数增加，当 $x<0$ 时函数减少. 计算函数值得

$$f(1)<0,\quad f(4)>0,\quad f(-1)<0,\quad f(-2)>0,$$

从而方程有两个根，且分别位于 $[-2,-1]$ 和 $[1,4]$.

(2) 均采用牛顿法，由于 $f'(x)$ 在区间 $[-2,-1]$ 和 $[1,4]$ 内均不为 0，因此收敛. 迭代格式如下：

$$x_{k+1}=x_k-\frac{x_k+e^{-x_k}-4}{1-e^{-x_k}}.$$

- 取初值为 $x_0=-2$，计算结果为

$$-1.78259,\quad -1.74970,\quad -1.74903,\quad -1.74903,$$

因此具有 4 位有效数字的根为 -1.749.

• 取初值为 $x_0=2$,计算结果为

$$4.15652,\quad 3.98160,\quad 3.98134,\quad 3.98134,$$

因此具有 4 位有效数字的根为 3.981.

4. 构造一种迭代算法求 $\sqrt[5]{2019}$ 的近似值(精确到 4 位有效数字).

解　令 $f(x)=x^5-2019$,采用牛顿法得到

$$y=\varphi(x)=x-\frac{f(x)}{f'(x)}=\frac{1}{5}\left(4x+\frac{2019}{x^4}\right),\quad x_{k+1}=\varphi(x_k).$$

取初值为 $x_0=4.0$,计算得到

$$4.77734,\quad 4.59709,\quad 4.58181,\quad 4.58171,\quad 4.58171,$$

因此具有 4 位有效数字的根为 4.582.

5. 给定方程 $x=\tan x$,试求它在 $\left(4,\frac{3}{2}\pi\right)$ 内的根,精确到 4 位有效数字.

解　采用牛顿法,迭代公式为

$$x_{k+1}=x_k-\frac{x_k-\tan x_k}{1-\sec^2 x_k}.$$

取初值为 $x_0=4.5$,计算得到

$$4.49361,\quad 4.49341,\quad 4.49341,\quad 4.49341,\quad 4.49341,$$

因此具有 4 位有效数字的根为 4.493.

注　这里需要注意的是,如果初值选择 4.0 或者 5.0,将无法得到解.

另外,也可以尝试把方程变形为

$$x=\arctan x+\pi,$$

再用牛顿法,迭代公式为

$$x_{k+1}=x_k-\frac{x-\arctan x_k-\pi}{1-\dfrac{1}{1+x_k^2}}.$$

取初值为 $x_0=4.0$,计算得到

$$4.49662,\quad 4.49341,\quad 4.49341,\quad 4.49341,$$

也很快就得到具有 4 位有效数字的根为 4.493.

6. 给定迭代公式

$$x_{k+1}=2x_k-x_k^2 y,\quad y\text{ 为固定参数},$$

确定它是某个函数的牛顿迭代公式,这样变形的目的是什么?

解　• 如果该公式是牛顿迭代公式,则可得

$$\frac{f(x)}{f'(x)}=x^2y-x,$$

它的一个解为

$$f(x)=\frac{1}{x}-y.$$

• 所给定的迭代公式相比

$$x_{k+1}=x_k-\frac{\frac{1}{x_k}-y}{-\frac{1}{x_k^2}},$$

有效避免了相邻的数相减以及减少了乘除法运算.

7. 已知方程 $x^4-4x^2+4=0$ 的一个根为 $\sqrt{2}$,分别用牛顿法及其重根修正公式计算这个根,结果保留 4 位有效数字.

解 • 令 $f(x)=x^4-4x^2+4$,得 $f'(x)=4x^3-8x$,则牛顿迭代公式为

$$x_{k+1}=x_k-\frac{x_k^4-4x_k^2+4}{4x_k^3-8x_k}.$$

取初值为 $x_0=1.0$,牛顿法需要 15 次迭代才能得到解 1.414.

• 牛顿法的重根修正公式为

$$x_{k+1}=x_k-2\frac{x_k^4-4x_k^2+4}{4x_k^3-8x_k},$$

取初值为 $x_0=1.0$, 只需迭代 4 次就能得到解 1.414.

8. 用割线法求方程 $x^3-2x-5=0$ 在 2 附近的根,取 $x_0=2, x_1=2.2$,结果保留 5 位有效数字.

解 割线法计算公式为

$$x_{k+1}=x_k-\frac{x_k^3-2x_k-5}{x_k^3-x_{k-1}^3-2x_k+2x_{k-1}}(x_k-x_{k-1}), \quad k=1,2,\cdots,$$

取初值为 $x_0=2, x_1=2.2$,计算结果为

$$2.08897, \quad 2.09423, \quad 2.09455, \quad 2.09455,$$

因此具有 5 位有效数字的根为 2.0946.

9. 对方程组

$$\begin{cases} x+2y=2, \\ x^2+4y^2=4, \end{cases}$$

以(1,2) 为初值用牛顿法执行两次迭代,结果保留 3 位有效数字.

解 先计算 Jacobi 矩阵为 $\boldsymbol{J}=\begin{bmatrix}1 & 2\\ 2x & 8y\end{bmatrix}$,则

$$\begin{bmatrix}1 & 2\\ 2 & 16\end{bmatrix}\begin{bmatrix}\Delta x_0\\ \Delta y_0\end{bmatrix}=-\begin{bmatrix}3\\ 13\end{bmatrix}, \quad \begin{bmatrix}\Delta x_0\\ \Delta y_0\end{bmatrix}=-\begin{bmatrix}1.8333\\ 0.5833\end{bmatrix},$$

$$\begin{bmatrix}x_1\\ y_1\end{bmatrix}=\begin{bmatrix}1\\ 2\end{bmatrix}-\begin{bmatrix}1.8333\\ 0.5833\end{bmatrix}=\begin{bmatrix}-0.8333\\ 1.4167\end{bmatrix},$$

$$\boldsymbol{J}_1=\begin{bmatrix}1 & 2\\ -1.6667 & 11.3336\end{bmatrix},$$

$$\begin{bmatrix}1 & 2\\ -1.6667 & 11.3336\end{bmatrix}\begin{bmatrix}\Delta x_1\\ \Delta y_1\end{bmatrix}=-\begin{bmatrix}0\\ 4.7225\end{bmatrix},\quad \begin{bmatrix}\Delta x_1\\ \Delta y_1\end{bmatrix}=-\begin{bmatrix}-0.6440\\ 0.3220\end{bmatrix},$$

最后得到

$$\begin{bmatrix}x_2\\ y_2\end{bmatrix}=\begin{bmatrix}-0.8333\\ 1.4167\end{bmatrix}-\begin{bmatrix}-0.6440\\ 0.3220\end{bmatrix}=\begin{bmatrix}-0.1893\\ 1.0947\end{bmatrix}.$$

因此具有 3 位有效数字的解为(－0.189,1.09).

2.4　补充练习

1. 设 $a>0$,确定常数 p,q,r 的值,使得迭代格式

$$x_{k+1}=px_k+q\frac{a}{x_k^2}+r\frac{a^2}{x_k^5}$$

有尽可能高的收敛阶局部收敛到 $\sqrt[3]{a}$,并请指出具体的收敛阶.

解　令 $\varphi(x)=px+q\dfrac{a}{x^2}+r\dfrac{a^2}{x^5}$.

- 由 $\sqrt[3]{a}=\varphi(\sqrt[3]{a})$ 得到

$$\sqrt[3]{a}=p\sqrt[3]{a}+q\frac{a}{(\sqrt[3]{a})^2}+r\frac{a^2}{(\sqrt[3]{a})^5}\Rightarrow \sqrt[3]{a}=p\sqrt[3]{a}+q\sqrt[3]{a}+r\sqrt[3]{a},$$

由于 $a>0$,因此 $p+q+r=1$.

- 由 $\varphi'(\sqrt[3]{a})=0$ 得到

$$p-2q\frac{a}{(\sqrt[3]{a})^3}-5r\frac{a^2}{(\sqrt[3]{a})^6}=0\Rightarrow p-2q-5r=0.$$

- 由 $\varphi''(\sqrt[3]{a})=0$ 得到

$$6q\frac{a}{(\sqrt[3]{a})^4}+30r\frac{a^2}{(\sqrt[3]{a})^7}=0\Rightarrow q+5r=0.$$

- 由上解得 $p=q=\dfrac{5}{9},\ r=-\dfrac{1}{9}$,此时收敛阶数能尽可能的高.

- 因为 $\varphi'''(\sqrt[3]{a})=\dfrac{10}{a^{\frac{2}{3}}}\neq 0$,所以该迭代格式 3 阶收敛.

2. 设 $\varphi(x)$ 是一个连续可微函数,若迭代格式 $x_{k+1}=\varphi(x_k)$ 局部线性收敛,选择常数 λ,使得

$$x_{k+1}=\frac{\lambda}{1+\lambda}x_k+\frac{1}{1+\lambda}\varphi(x_k)$$

具有更高的收敛阶.

提示　本题依旧要求迭代函数在不动点处导数为 0.

解　• 令 $\psi(x)=\dfrac{\lambda}{1+\lambda}x+\dfrac{1}{1+\lambda}\varphi(x)$,则

$$\psi'(x)=\frac{\lambda}{1+\lambda}+\frac{1}{1+\lambda}\varphi'(x).$$

• 设不动点为 x^*,则 $x^*=\varphi(x^*)$,可得 $\psi(x^*)=x^*$.

• 又原格式是线性收敛,所以 $\varphi'(x^*)\neq 0$.

• 令 $\psi'(x^*)=0$,则 $\lambda=-\varphi'(x^*)$,此时迭代格式至少 2 阶收敛.

3. 应用牛顿法求方程组

$$\begin{cases}x^2+y^2=5,\\(x+1)y-(3x+1)=0\end{cases}$$

在(1,1)附近的根,要求执行两次迭代,结果保留 4 位有效数字.

提示　答案为 $\begin{bmatrix}1.000\\2.028\end{bmatrix}$.

第 3 章　线性方程组的直接法

3.1　内容提要

3.1.1　线性方程组的相关概念

1. 线性方程组用**矩阵语言**表述为 $\boldsymbol{Ax}=\boldsymbol{b}$,其中

$$\boldsymbol{A}=\begin{bmatrix} a_{11} & a_{12} & \cdots & a_{1n} \\ a_{21} & a_{22} & \cdots & a_{2n} \\ \vdots & \vdots & \ddots & \vdots \\ a_{m1} & a_{m2} & \cdots & a_{mn} \end{bmatrix},\quad \boldsymbol{b}=\begin{bmatrix} b_1 \\ b_2 \\ \vdots \\ b_n \end{bmatrix},\quad \boldsymbol{x}=\begin{bmatrix} x_1 \\ x_2 \\ \vdots \\ x_m \end{bmatrix}.$$

2. 在这一章中,我们仅考虑 $m=n$ 时的实线性方程组,即

$$\boldsymbol{Ax}=\boldsymbol{b},\quad \boldsymbol{A}\in\mathbf{R}^{n\times n},\ \boldsymbol{x}\in\mathbf{R}^{n},\ \boldsymbol{b}\in\mathbf{R}^{n}.$$

3. 对于我们要考虑的问题,**它的解在数学上有着明确的结论**:

- 如果 $\boldsymbol{A}$ 是非奇异矩阵,则 $\boldsymbol{x}=\boldsymbol{A}^{-1}\boldsymbol{b}$ 是其**唯一解**,其中 $\boldsymbol{b}$ 是任意的;
- 如果 $\boldsymbol{A}$ 是奇异矩阵且 $\boldsymbol{A}$ 和 $(\boldsymbol{A},\boldsymbol{b})$ 的秩不相等,系统**没有解**;
- 如果 $\boldsymbol{A}$ 是奇异矩阵且 $\boldsymbol{A}$ 和 $(\boldsymbol{A},\boldsymbol{b})$ 的秩相等,系统具有**无穷多个解**.

4. 矩阵的**奇异性**是矩阵非常重要的一个指标. 矩阵 $\boldsymbol{A}$ 非奇异等价于:

- $\boldsymbol{A}$ 可逆,即存在矩阵 $\boldsymbol{B}=\boldsymbol{A}^{-1}$ 满足 $\boldsymbol{AB}=\boldsymbol{BA}=\boldsymbol{I}_n$;
- $\boldsymbol{A}$ 的秩 $\mathrm{rank}(\boldsymbol{A})=n$;
- $\boldsymbol{Ax}=\boldsymbol{0}$ 只有零解;
- $\boldsymbol{A}$ 的行列式不为 0.

5. 我们只讨论矩阵 $\boldsymbol{A}$ 非奇异的情况. 从数值计算的角度看,应重点关注:
如何计算线性方程组的数值解以及如何对解的可信程度进行分析.

3.1.2　数值求解的策略

1. 线性方程组求解的基本策略是**将一般(复杂)系统转化为容易求解的简单系统**. 它有两个衍生问题:

- **问题(1)**:什么样的变换能够**保持系统的解不变**?
- **问题(2)**:什么样的系统**容易求解**?

2. 对于问题(1),线性代数中有现成的**结论**:如果矩阵 $\boldsymbol{M}$ 是非奇异的,则

$$\boldsymbol{MAz}=\boldsymbol{Mb} \quad 与 \quad \boldsymbol{Ax}=\boldsymbol{b}$$

同解. 原因是

$$\boldsymbol{z}=(\boldsymbol{MA})^{-1}\boldsymbol{Mb}=\boldsymbol{A}^{-1}\boldsymbol{M}^{-1}\boldsymbol{Mb}=\boldsymbol{A}^{-1}\boldsymbol{b}=\boldsymbol{x},$$

即任何一个非奇异矩阵左乘于方程组的两边,解不变.

3. 对问题(1),只需要选择合适的非奇异矩阵完成变换操作即可. 但线性代数的经验和结论告诉我们:

- 直接通过一个非奇异矩阵把矩阵变成简单的形式是很困难的;
- 任何一个非奇异矩阵都可以分解为一系列初等变换矩阵的乘积.

4. 三类初等变换矩阵.

(1) 第一类初等矩阵(又称置换矩阵) 为

$$\boldsymbol{P}_{ij}=\begin{bmatrix} 1 & & & & & & \\ & \ddots & & & & & \\ & & 0 & \cdots & 1 & & \\ & & \vdots & & \vdots & & \\ & & 1 & \cdots & 0 & & \\ & & & & & \ddots & \\ & & & & & & 1 \end{bmatrix}\begin{matrix} \\ \\ i\text{ 行} \\ \\ j\text{ 行} \\ \\ \\ \end{matrix},$$

可以通过对换单位阵 $\boldsymbol{I}_n$ 的第 i 行和第 j 行得到该矩阵.

- $\boldsymbol{P}_{ij}\boldsymbol{A}$ 对换矩阵 $\boldsymbol{A}$ 的第 i 行和第 j 行.
- $\boldsymbol{P}_{ij}$ 是**对称矩阵,且其逆矩阵是自身**,即

$$\boldsymbol{P}_{ij}^{\mathrm{T}}=\boldsymbol{P}_{ij}, \quad \boldsymbol{P}_{ij}\boldsymbol{P}_{ij}=\boldsymbol{I}_n.$$

(2) 第二类初等矩阵是

$$\boldsymbol{P}_i(\alpha)=\begin{bmatrix} 1 & & & & & & \\ & \ddots & & & & & \\ & & 1 & & & & \\ & & & \alpha & & & \\ & & & & 1 & & \\ & & & & & \ddots & \\ & & & & & & 1 \end{bmatrix}, \quad \alpha\neq 0,$$

该矩阵可以通过把单位阵 $\boldsymbol{I}_n$ 的第 i 行乘以 α 得到.

- $\boldsymbol{P}_i(\alpha)\boldsymbol{A}$ 把矩阵 $\boldsymbol{A}$ 的第 i 行乘以 α.
- $\boldsymbol{P}_i(\alpha)$ 是对角阵,它的逆矩阵是 $\boldsymbol{P}_i\left(\dfrac{1}{\alpha}\right)$.

(3) 第三类初等矩阵是

$$T_{ij}(\alpha)=\begin{bmatrix}1 & & & & & \\ & \ddots & & & & \\ & & 1 & & & \\ & & \vdots & \ddots & & \\ & & \alpha & \cdots & 1 & \\ & & & & & \ddots & \\ & & & & & & 1\end{bmatrix}\begin{matrix} \\ \\ i\text{ 行} \\ \\ j\text{ 行} \\ \\ \\ \end{matrix},$$

它可以通过把单位阵 $\boldsymbol{I}_n$ 的第 i 行乘以 α 加到第 j 行上得到.

- $\boldsymbol{T}_{ij}(\alpha)\boldsymbol{A}$ 把矩阵 $\boldsymbol{A}$ 的第 i 行乘以 α 加到第 j 行上.
- $\boldsymbol{T}_{ij}(\alpha)$ 是单位下三角阵,它的逆矩阵是 $\boldsymbol{T}_{ij}(-\alpha)$.

5. 三类初等矩阵**左乘**矩阵 $\boldsymbol{A}$,实现对 $\boldsymbol{A}$ 的行变换;若是**右乘**矩阵 $\boldsymbol{A}$,则实现对 $\boldsymbol{A}$ 的列变换. **口诀:行左列右**. 事实上,

- $\boldsymbol{PAx}=\boldsymbol{Pb}$ 与 $\boldsymbol{Ax}=\boldsymbol{b}$ 同解.
- $\boldsymbol{APz}=\boldsymbol{b}$ 的解为 $\boldsymbol{z}=(\boldsymbol{AP})^{-1}\boldsymbol{b}=\boldsymbol{P}^{-1}\boldsymbol{A}^{-1}\boldsymbol{b}=\boldsymbol{P}^{-1}\boldsymbol{x}$,因此 $\boldsymbol{x}=\boldsymbol{Pz}$.

6. 针对问题(2),容易求解的系统包括对角系统、上三角系统、下三角系统.

7. 就方程求解而言,**对角系统无疑是最简单的**. 如

$$\begin{bmatrix}a_{11} & 0 & 0\\ 0 & a_{22} & 0\\ 0 & 0 & a_{33}\end{bmatrix}\begin{bmatrix}x_1\\ x_2\\ x_3\end{bmatrix}=\begin{bmatrix}b_1\\ b_2\\ b_3\end{bmatrix}.$$

考虑系统 $\boldsymbol{Ax}=\boldsymbol{b}$,其中 $\boldsymbol{A}=\mathrm{diag}\{a_{11},a_{22},\cdots,a_{nn}\}$, 且 $a_{ii}\neq 0(i=1,2,\cdots,n)$,它的解可以直接求出为

$$x_i=\frac{b_i}{a_{ii}},\quad i=1,2,\cdots,n.$$

这意味着,求解对角系统**只需要 n 次除法**即可完成.

8. 上三角系统: 假设线性方程组为

$$\begin{bmatrix}u_{11} & u_{12} & \cdots & u_{1n}\\ & u_{22} & \cdots & u_{2n}\\ & & \ddots & \vdots\\ & & & u_{nn}\end{bmatrix}\begin{bmatrix}x_1\\ x_2\\ \vdots\\ x_n\end{bmatrix}=\begin{bmatrix}b_1\\ b_2\\ \vdots\\ b_n\end{bmatrix}.$$

根据方程组的特点,先解最后一个方程,再解其上面的一个,逐次类推,得

$$x_n=b_n/u_{nn},$$

$$x_i=\left(b_i-\sum_{j=i+1}^{n}u_{ij}x_j\right)\Big/u_{ii},\quad i=n-1,\ n-2,\cdots,1.$$

这一过程称为**向后代入(Backward Substitution)**. 它的求解工作量分析如下:

- 计算 x_i 需要 $n-(i+1)+1+1=n-i+1$(次) 乘除,**总的乘除数**为

$$\sum_{i=1}^{n}(n-i+1)=\frac{n(n+1)}{2}\approx\frac{n^2}{2}(次).$$

- 计算 x_i 需要 $n-(i+1)+1=n-i$(次) 加减,**总的加减数**为

$$\sum_{i=1}^{n}(n-i)=\frac{n(n-1)}{2}\approx\frac{n^2}{2}(次).$$

9. 下三角系统:假设线性方程组为

$$\begin{bmatrix} l_{11} & & & \\ l_{21} & l_{22} & & \\ \vdots & \vdots & \ddots & \\ l_{n1} & l_{n2} & \cdots & l_{nn} \end{bmatrix}\begin{bmatrix} x_1 \\ x_2 \\ \vdots \\ x_n \end{bmatrix}=\begin{bmatrix} b_1 \\ b_2 \\ \vdots \\ b_n \end{bmatrix},$$

同上三角系统相似,它的解法是

$$x_1=b_1/l_{11},$$

$$x_i=\left(b_i-\sum_{j=1}^{i-1}l_{ij}x_j\right)\Big/l_{ii},\quad i=2,3,\cdots,n.$$

这一过程称为**向前代入(Forward Substitution)**. 它的求解工作量分析如下:

- 计算 x_i 需要 $i-1+1=i$(次) 乘除,**总的乘除数**为

$$\sum_{i=1}^{n}i=\frac{n(n+1)}{2}\approx\frac{n^2}{2}(次).$$

- 计算 x_i 需要 $i-1$(次) 加减,**总的加减数**为

$$\sum_{i=1}^{n}(i-1)=\frac{n(n-1)}{2}\approx\frac{n^2}{2}(次).$$

注 从上不难发现,向后代入过程与向前代入过程所需要的总的加减和乘除工作量是一样的.

10. 线性系统直接解法的**基本思路**.

- 工具:初等变换(或者左乘矩阵).
- 利用它们把一般系统转化为对角系统、上三角系统、下三角系统等一些简单系统.

注 在实际的求解过程中要注意以下两点:

- 要通过一系列的初等变换才能完成转化;
- 求解总的工作量应包括矩阵变换工作量和简单系统求解工作量.

3.1.3 高斯消去法与 LU 分解

1. 在线性代数之类的课程中我们学习过高斯消去法,它通过对**增广矩阵施行初等行变换**得到等价的上三角系统. 但这里我们不准备把上述过程符号化,进而描

述一般 n 维系统的高斯消去法.

2. 基本消去矩阵的定义.

定义 3.1　设有一 n 维列向量 $(a_1,\cdots,a_k,a_{k+1},\cdots,a_n)^{\mathrm{T}}\in\mathbf{R}^n$，且 $a_k\neq 0$，把它作为**主元**(pivot)，令

$$m_i=\frac{a_i}{a_k},\quad i=k+1,k+2,\cdots,n,$$

称它们称为**消去因子**，矩阵

$$\boldsymbol{M}_k=\begin{bmatrix}1&\cdots&0&0&\cdots&0\\ \vdots&\ddots&\vdots&\vdots&\ddots&\vdots\\ 0&\cdots&1&0&\cdots&0\\ 0&\cdots&-m_{k+1}&1&\cdots&0\\ \vdots&\ddots&\vdots&\vdots&\ddots&\vdots\\ 0&\cdots&-m_n&0&\cdots&1\end{bmatrix}$$

称为**基本消去矩阵**.

3. 基本消去矩阵的**性质**.

- $\boldsymbol{M}_k$ **能把** a_k **下面的元素一起变成 0**，即

$$\begin{bmatrix}1&\cdots&0&0&\cdots&0\\ \vdots&\ddots&\vdots&\vdots&\ddots&\vdots\\ 0&\cdots&1&0&\cdots&0\\ 0&\cdots&-m_{k+1}&1&\cdots&0\\ \vdots&\ddots&\vdots&\vdots&\ddots&\vdots\\ 0&\cdots&-m_n&0&\cdots&1\end{bmatrix}\begin{bmatrix}a_1\\ \vdots\\ a_k\\ a_{k+1}\\ \vdots\\ a_n\end{bmatrix}=\begin{bmatrix}a_1\\ \vdots\\ a_k\\ 0\\ \vdots\\ 0\end{bmatrix}.$$

- $\boldsymbol{M}_k$ 是**单位下三角阵**，因此它是一个**非奇异矩阵**.
- $\boldsymbol{M}_k=\boldsymbol{I}-\boldsymbol{m}\boldsymbol{e}_k^{\mathrm{T}}$，其中 $\boldsymbol{m}=(0,\cdots,0,m_{k+1},\cdots,m_n)^{\mathrm{T}}$，$\boldsymbol{e}_k$ 是 $\boldsymbol{I}$ 的第 k 列，则

$$\boldsymbol{m}\boldsymbol{e}_k^{\mathrm{T}}=\begin{bmatrix}0&\cdots&0&0&\cdots&0\\ \vdots&\ddots&\vdots&\vdots&\ddots&\vdots\\ 0&\cdots&0&0&\cdots&0\\ 0&\cdots&m_{k+1}&0&\cdots&0\\ \vdots&\ddots&\vdots&\vdots&\ddots&\vdots\\ 0&\cdots&m_n&0&\cdots&0\end{bmatrix}.$$

- $\boldsymbol{M}_k^{-1}=\boldsymbol{I}+\boldsymbol{m}\boldsymbol{e}_k^{\mathrm{T}}$.
- 如果 $\boldsymbol{M}_j=\boldsymbol{I}-\boldsymbol{t}\boldsymbol{e}_j^{\mathrm{T}}(j>k)$ 是另一个消去阵，则

$$\boldsymbol{M}_k\boldsymbol{M}_j=\boldsymbol{I}-\boldsymbol{m}\boldsymbol{e}_k^{\mathrm{T}}-\boldsymbol{t}\boldsymbol{e}_j^{\mathrm{T}}+\boldsymbol{m}\boldsymbol{e}_k^{\mathrm{T}}\boldsymbol{t}\boldsymbol{e}_j^{\mathrm{T}}=\boldsymbol{I}-\boldsymbol{m}\boldsymbol{e}_k^{\mathrm{T}}-\boldsymbol{t}\boldsymbol{e}_j^{\mathrm{T}}\quad(\text{因为 } \boldsymbol{e}_k^{\mathrm{T}}\boldsymbol{t}=0).$$

这意味着**初等消去矩阵的乘积相当于它们的“并”**.

- 因为形式相同，**逆矩阵 $\boldsymbol{L}_k$ 满足类似的性质**：

$$\boldsymbol{L}_k\boldsymbol{L}_j=\boldsymbol{I}+\boldsymbol{m}\boldsymbol{e}_k^{\mathrm{T}}+\boldsymbol{t}\boldsymbol{e}_j^{\mathrm{T}}+\boldsymbol{m}\boldsymbol{e}_k^{\mathrm{T}}\boldsymbol{t}\boldsymbol{e}_j^{\mathrm{T}}=\boldsymbol{I}+\boldsymbol{m}\boldsymbol{e}_k^{\mathrm{T}}+\boldsymbol{t}\boldsymbol{e}_j^{\mathrm{T}}\quad (j>k).$$

- 可以证明：如果有多个基本消去矩阵相乘，只要

小指标在前，大指标在后，一样可以“并”起来.

4. 借助基本消去矩阵，可以给出高斯消去法的一个描述，并且可以得到矩阵的 **LU 分解.**

- 给定方程组 $\boldsymbol{Ax}=\boldsymbol{b}$，假设 $a_{11}\neq 0$，利用第 1 列以 a_{11} 为主元构造 $\boldsymbol{M}_1$，则

$$\boldsymbol{M}_1\boldsymbol{Ax}=\begin{bmatrix} a_{11} & * \\ \boldsymbol{0} & \boldsymbol{B}\end{bmatrix}\boldsymbol{x}=\boldsymbol{M}_1\boldsymbol{b},$$

其中 * 来自于 $\boldsymbol{A}$ 的第 1 行，$\boldsymbol{B}=(b_{ij})$ 来自于 $\boldsymbol{M}_1\boldsymbol{A}(2:n)$ 的第 2 到 n 行.

- 假设 $b_{11}\neq 0$，按照 $\boldsymbol{M}_1\boldsymbol{A}$ 第 2 列以 b_{11} 为主元构造 $\boldsymbol{M}_2$，得到

$$\boldsymbol{M}_2\boldsymbol{M}_1\boldsymbol{Ax}=\boldsymbol{M}_2\begin{bmatrix} a_{11} & * \\ \boldsymbol{0} & \boldsymbol{B}\end{bmatrix}\boldsymbol{x}=\begin{bmatrix} a_{11} & * & * \\ 0 & b_{11} & * \\ \boldsymbol{0} & \boldsymbol{0} & \boldsymbol{C}\end{bmatrix}\boldsymbol{x}=\boldsymbol{M}_2\boldsymbol{M}_1\boldsymbol{b}.$$

- 假设 $c_{11}\neq 0$，继续下去，得到

$$\boldsymbol{M}_3\boldsymbol{M}_2\boldsymbol{M}_1\boldsymbol{Ax}=\boldsymbol{M}_3\boldsymbol{M}_2\boldsymbol{M}_1\boldsymbol{b}.$$

- 最终得到

$$\boldsymbol{M}_{n-1}\cdots\boldsymbol{M}_2\boldsymbol{M}_1\boldsymbol{Ax}=\boldsymbol{Ux}=\boldsymbol{M}_{n-1}\cdots\boldsymbol{M}_2\boldsymbol{M}_1\boldsymbol{b}.$$

其中 $\boldsymbol{U}$ 是一个上三角矩阵.

- 由于是大指标在前，$\boldsymbol{M}_{n-1}\cdots\boldsymbol{M}_2\boldsymbol{M}_1$ 无法直接计算，令

$$\boldsymbol{M}=\boldsymbol{M}_{n-1}\cdots\boldsymbol{M}_2\boldsymbol{M}_1.$$

则 $\boldsymbol{MA}=\boldsymbol{U}$，$\boldsymbol{A}=\boldsymbol{M}^{-1}\boldsymbol{U}$，进一步有

$$\boldsymbol{A}=\boldsymbol{M}^{-1}\boldsymbol{U}=\boldsymbol{M}_1^{-1}\boldsymbol{M}_2^{-1}\cdots\boldsymbol{M}_{n-1}^{-1}\boldsymbol{U}=\boldsymbol{L}_1\boldsymbol{L}_2\cdots\boldsymbol{L}_{n-1}\boldsymbol{U}=\boldsymbol{LU}.$$

逆矩阵的乘积满足了小指标在前，大指标在后，因此可以直接“合并”得到 $\boldsymbol{L}$.

- 这样，$\boldsymbol{A}$ 表示成为了**一个下三角阵 $\boldsymbol{L}$ 同一个上三角阵 $\boldsymbol{U}$ 的乘积.**

这就是矩阵 $\boldsymbol{A}$ 的 **LU 分解.**

5. 矩阵 **LU 分解**的一些说明.

- 使用传统的高斯消去法时，必然会得到 **LU 分解**中的 $\boldsymbol{U}$.
- 得到 $\boldsymbol{L}$ 则**不需要任何额外的运算**，它只需要高斯消去法中的消去因子.
- $\boldsymbol{L}$ 可以占用矩阵 $\boldsymbol{A}$ 的严格下三角部分，$\boldsymbol{U}$ 可以占用矩阵 $\boldsymbol{A}$ 的上三角部分，**二者都不需要额外存储.**
- 如果 $\boldsymbol{A}=\boldsymbol{LU}$，则 $\boldsymbol{Ax}=\boldsymbol{b}$ 可以分解为

$$\boldsymbol{Ly}=\boldsymbol{b},\quad \boldsymbol{Ux}=\boldsymbol{y}.$$

即得到矩阵 $\boldsymbol{A}$ 的 LU 分解后，只需要分别求解一个下三角系统和一个上三角系统.

- 当 $\boldsymbol{b}$ 改变的时候，$\boldsymbol{L}$ 和 $\boldsymbol{U}$ 可以**重复利用.**

6. LU 分解工作量分析.

从算法来看，LU 分解的**工作量分为两部分**：

- **生成消去因子**. 比如说，当 $k=1$ 时，生成消去因子需要 $n-1$ 次除法.
- **更新矩阵数据**. 所谓的更新数据，也就是生成矩阵 $\boldsymbol{B}$，需要 $(n-1)^2$ 次乘法，$(n-1)^2$ 次减法. 余者类似.

统一考虑乘除，乘除总的工作量为

$$\begin{aligned}&(n-1)^2+\cdots+2^2+1^2+(n-1)+\cdots+1\\=&\frac{n(n-1)(2n-1)}{6}+\frac{n(n-1)}{2}\approx\frac{n^3}{3}(\text{次}),\end{aligned}$$

加减总的工作量为

$$(n-1)^2+\cdots+2^2+1^2=\frac{n(n-1)(2n-1)}{6}\approx\frac{n^3}{3}(\text{次}).$$

即在 LU 分解生成过程中，约需要 $\frac{n^3}{3}$ 次的加减运算和 $\frac{n^3}{3}$ 次的乘除运算.

在利用 LU 分解求解方程组时，还要考虑共计 $2\cdot\frac{n^2}{2}=n^2$(次) 的加减乘除运算. 因为

$$\frac{n^3}{3}+n^2=O\left(\frac{n^3}{3}\right),$$

这意味着，**随着问题规模的增大，工作量将主要来自于 LU 分解**.

7. 如果矩阵的 LU 分解存在，则必定是唯一的.

3.1.4　列主元高斯消去法

1. 带 LU 分解的高斯消去法拥有一定的优势，但在实际应用中会遇到算法终止或者算法稳定性差的问题.

2. 如果高斯消去法进行到某一步时 $a_{kk}=0$，则下一步消去将无法进行，即会遇到算法终止的问题.

3. 用一个非零的对角元做主元，使得消去可以“正常进行下去”的过程称为**选主元**.

4. 如果 $a_{kk}\neq0$，但数值比较小，则会遇到小数作除数的问题，进而导致其他元素量级的严重增长以及舍入误差的扩散，导致计算结果不可靠.

5. 如果每列都选择**对角线及对角线以下绝对值最大的元素作为主元**的话，乘数 m_{ik} 的绝对值将不会超过 1. 这可以**最大程度减少各种误差的影响**.

6. 把这种选主元的策略同高斯消去法相结合，就得到了**部分(列) 主元消去法**. 它是一种**重要的数值稳定方法**.

7. 对求解线性方程组 $\boldsymbol{Ax}=\boldsymbol{b}$ 的列主元高斯消去法的描述及分析.

• 考察第 1 列,将绝对值最大的元素换到 a_{11} 的位置,用矩阵表示为

$$\boldsymbol{P}_1\boldsymbol{A}\boldsymbol{x}=\boldsymbol{P}_1\boldsymbol{b}.$$

注 如果绝对值最大的元素有多个,可以任选其一,或者选择搜索到的第一个绝对值最大的元素.

• 对 $\boldsymbol{P}_1\boldsymbol{A}$ 完成第 1 列的消去,即

$$\boldsymbol{M}_1\boldsymbol{P}_1\boldsymbol{A}\boldsymbol{x}=\begin{bmatrix}\tilde{a}_{11} & * \\ \boldsymbol{0} & \boldsymbol{B}\end{bmatrix}\boldsymbol{x}=\boldsymbol{M}_1\boldsymbol{P}_1\boldsymbol{b}.$$

• 考察第 2 列,把 $\boldsymbol{B}$ 的第 1 列中绝对值最大的元素对换到 b_{11} 所在的位置,消去得到

$$\boldsymbol{M}_2\boldsymbol{P}_2\boldsymbol{M}_1\boldsymbol{P}_1\boldsymbol{A}\boldsymbol{x}=\begin{bmatrix}\tilde{a}_{11} & * & * \\ 0 & \tilde{b}_{11} & * \\ \boldsymbol{0} & \boldsymbol{0} & \boldsymbol{C}\end{bmatrix}\boldsymbol{x}=\boldsymbol{M}_2\boldsymbol{P}_2\boldsymbol{M}_1\boldsymbol{P}_1\boldsymbol{b}.$$

• 每次先左乘一个置换矩阵,再左乘一个消去矩阵,最后得到

$$\boldsymbol{M}_{n-1}\boldsymbol{P}_{n-1}\cdots\boldsymbol{M}_1\boldsymbol{P}_1\boldsymbol{A}\boldsymbol{x}=\boldsymbol{U}\boldsymbol{x}=\boldsymbol{M}_{n-1}\boldsymbol{P}_{n-1}\cdots\boldsymbol{M}_1\boldsymbol{P}_1\boldsymbol{b}.$$

• 令 $\boldsymbol{M}=\boldsymbol{M}_{n-1}\boldsymbol{P}_{n-1}\cdots\boldsymbol{M}_1\boldsymbol{P}_1$,则

$$\boldsymbol{M}\boldsymbol{A}=\boldsymbol{U}\Rightarrow\boldsymbol{A}=\tilde{\boldsymbol{L}}\boldsymbol{U},\ \tilde{\boldsymbol{L}}=\boldsymbol{M}^{-1}.$$

• 矩阵 $\boldsymbol{A}$ 分解成了 $\tilde{\boldsymbol{L}}$ 和上三角矩阵 $\boldsymbol{U}$ 的乘积.

• 必须说明的是,这里的 $\tilde{\boldsymbol{L}}$ **不一定是下三角矩阵.**

• 如果令 $\boldsymbol{P}=\boldsymbol{P}_{n-1}\cdots\boldsymbol{P}_1$,则

$$\boldsymbol{P}\boldsymbol{A}=\boldsymbol{P}\boldsymbol{M}^{-1}\boldsymbol{U}=\boldsymbol{L}\boldsymbol{U},$$

此时 $\boldsymbol{L}=\boldsymbol{P}\boldsymbol{M}^{-1}$ 是一个**真正的下三角矩阵.**

8. 如果知道了 $\boldsymbol{P}\boldsymbol{A}=\boldsymbol{L}\boldsymbol{U}$,这种分解称为 **PLU 分解**. 线性方程的求解变为

$$\boldsymbol{A}\boldsymbol{x}=\boldsymbol{b}\Leftrightarrow\boldsymbol{P}\boldsymbol{A}\boldsymbol{x}=\boldsymbol{P}\boldsymbol{b}\Leftrightarrow\boldsymbol{L}\boldsymbol{y}=\boldsymbol{P}\boldsymbol{b},\ \boldsymbol{U}\boldsymbol{x}=\boldsymbol{y}.$$

9. 矩阵的 PLU 分解过程较为复杂,但其结果却是简单的. 我们在使用列主元高斯消去法时,**每次对整个过渡矩阵进行对换**,最终矩阵的**上三角部分构成 $\boldsymbol{U}$,严格下三角部分构成 $\boldsymbol{L}$**,而 $\boldsymbol{P}$ **需要额外记录.**

3.1.5 关于直接法的补充说明

1. 通常来说,**为了算法的数值稳定,高斯消去法必须要选主元.** 但是,如果方程不需要选主元就是数值稳定的,应该直接用高斯消去法. 在做矩阵分解时,如果**不进行选主元操作,将会节省大量的时间.**

2. 对角占优矩阵.

定义 3.2 如果矩阵 $\boldsymbol{A}$ 的元素满足

$$\sum_{i=1\text{且}i\neq j}^{n} |a_{ij}| < |a_{jj}|, \quad j=1,2,\cdots,n,$$

称矩阵 $\boldsymbol{A}$ 是**列严格对角占优**的；如果是小于等于关系，称 $\boldsymbol{A}$ 列对角占优.

同样可以定义(严格) 行对角占优矩阵. 可以证明：

列(行) 严格对角占优矩阵一定是非奇异的.

3. 对称正定矩阵.

定义 3.3　设 $\boldsymbol{A}\in\mathbf{R}^{n\times n}$，若 $\boldsymbol{A}=\boldsymbol{A}^{\mathrm{T}}$，且对任意 $\boldsymbol{x}\neq\boldsymbol{0}$，有 $\boldsymbol{x}^{\mathrm{T}}\boldsymbol{A}\boldsymbol{x}>0$，则称 $\boldsymbol{A}$ 是对称正定矩阵(SPD).

对称正定矩阵的判别方法如下：

- **一个对称矩阵是正定的，当且仅当它的顺序主子式都大于 0；**
- **一个对称矩阵是正定的，当且仅当它的特征值都大于 0.**

4. 一个重要的结论.

定理 3.1　如果矩阵 $\boldsymbol{A}$ 是**严格对角占优**或者**对称正定**矩阵，则对

$$\boldsymbol{A}\boldsymbol{x}=\boldsymbol{b}$$

使用高斯消去法时**无需选主元**，算法就是数值稳定的.

3.1.6　带状系统

1. 一个矩阵 $\boldsymbol{A}$ 是**带状矩阵**，指的是它的**非零元只出现在它的主对角线或者上下若干条对角线上.**

2. 三对角系统是实际中常见的带状系统. 假设三对角矩阵为

$$\boldsymbol{A}=\begin{bmatrix} b_1 & c_1 & & & & \\ a_2 & b_2 & c_2 & & & \\ & a_3 & b_3 & c_3 & & \\ & & \ddots & \ddots & \ddots & \\ & & & a_{n-1} & b_{n-1} & c_{n-1} \\ & & & & a_n & b_n \end{bmatrix},$$

若不需要选主元来保证数值稳定性，此时的高斯消去法非常简单.

3. 容易验证 $\boldsymbol{A}$ 的 LU 分解为

$$\boldsymbol{L}=\begin{bmatrix} 1 & 0 & \cdots & \cdots & 0 \\ m_2 & 1 & \ddots & \ddots & \vdots \\ 0 & \ddots & \ddots & \ddots & \vdots \\ \vdots & \ddots & m_{n-1} & 1 & 0 \\ 0 & \cdots & 0 & m_n & 1 \end{bmatrix},\quad \boldsymbol{U}=\begin{bmatrix} d_1 & c_1 & \cdots & \cdots & 0 \\ 0 & d_2 & c_2 & \ddots & \vdots \\ 0 & \ddots & \ddots & \ddots & \vdots \\ \vdots & \ddots & \ddots & d_{n-1} & c_{n-1} \\ 0 & \cdots & \cdots & 0 & d_n \end{bmatrix},$$

其中 $d_1=b_1$，$m_i=\dfrac{a_i}{d_{i-1}}$，$d_i=b_i-m_ic_{i-1}$，$i=2,3,\cdots,n$.

4. 一旦形成矩阵的 LU 分解，求解 $\boldsymbol{Ax}=\boldsymbol{b}$ 就变成了

$$\boldsymbol{Ly}=\boldsymbol{b},\quad \boldsymbol{Ux}=\boldsymbol{y}.$$

传统上，$\boldsymbol{Ax}=\boldsymbol{b}$ 的求解通过直接对$(\boldsymbol{A},\boldsymbol{b})$操作来完成. 消去时下标从小到大，回代求解时下标从大到小，因此形象地称此时的高斯消去法为**追赶法**.

5. 三对角矩阵的存储为 $O(n)$，分解和求解的工作量也均是 $O(n)$，这三项与一般的方程组相比都有较多的节省.

3.1.7 逆矩阵相关

1. **一个问题**：对于线性方程组 $\boldsymbol{Ax}=\boldsymbol{b}$ 而言，$\boldsymbol{x}=\boldsymbol{A}^{-1}\boldsymbol{b}$ 也提供了一个解，那 $\boldsymbol{A}^{-1}$ 能直接使用吗？

2. 结论：**一般情况下，不推荐直接使用 $\boldsymbol{A}^{-1}$ 进行计算.**

3. 几乎所有需要 $\boldsymbol{A}^{-1}$ 的运算都可以**通过间接方法来实现**，比如

$$\boldsymbol{A}^{-1}\boldsymbol{b} \Rightarrow \boldsymbol{x}=\boldsymbol{A}^{-1}\boldsymbol{b},\ \boldsymbol{Ax}=\boldsymbol{b}.$$

也就是说，逆矩阵同向量 $\boldsymbol{b}$ 的乘积可以通过方程组求根来实现.

4. $\boldsymbol{A}^{-1}\boldsymbol{b}$ 同直接解的区别：

- **求逆方法需要更多的工作量；**
- **求逆还会降低解的精度；**
- **求逆会造成矩阵的结构性破坏.**

3.1.8 向量范数和矩阵范数

1. 所谓的向量范数，就是为了把 3 维空间中**距离的概念推广**到 n 维空间.

2. 在向量空间 $\mathbf{R}^n$ 中，定义映射 $f=\|\cdot\|:\mathbf{R}^n\to\mathbf{R}$. 如果该映射满足以下 3 点，那么这个映射就称为 $\mathbf{R}^n$ 空间中的**向量范数**.

- $\|\boldsymbol{x}\|\geqslant 0,\ \|\boldsymbol{x}\|=0 \Leftrightarrow \boldsymbol{x}=\mathbf{0}$（正定性）；
- $\|\alpha\boldsymbol{x}\|=|\alpha|\cdot\|\boldsymbol{x}\|,\ \alpha\in\mathbf{R}$（齐次性）；
- $\|\boldsymbol{x}+\boldsymbol{y}\|\leqslant\|\boldsymbol{x}\|+\|\boldsymbol{y}\|$（三角不等式）.

简单来说，范数就是一个定义在线性空间上满足某些性质的函数.

3. 常用的向量范数有 1- 范数，2- 范数和 ∞- 范数，分别定义如下：

- 1- 范数：$\|\boldsymbol{x}\|_1=\sum\limits_{i=1}^{n}|x_i|$；
- 2- 范数：$\|\boldsymbol{x}\|_2=\left(\sum\limits_{i=1}^{n}|x_i|^2\right)^{\frac{1}{2}}$；
- ∞-范数：$\|\boldsymbol{x}\|_\infty=\max\limits_{i}|x_i|$.

以上 3 种范数都是更一般的 p- 范数 $\|\boldsymbol{x}\|_p=\left(\sum\limits_{i=1}^{n}|x_i|^p\right)^{\frac{1}{p}}$ 的特例.

4. 范数等价的定义.

定义 3.4　给定线性空间 X 上的范数 $\|\cdot\|_p$，$\|\cdot\|_q$，它们**等价**当且仅当

$$\exists c_1,\ c_2>0,\text{使得 } c_1\|\boldsymbol{x}\|_q\leqslant\|\boldsymbol{x}\|_p\leqslant c_2\|\boldsymbol{x}\|_q\text{成立}.$$

5. 向量范数的性质.

定理 3.2　若 $f(\boldsymbol{x})=\|\boldsymbol{x}\|$ 是 $\mathbf{R}^n$ 上的向量范数，则它是 x 的**连续函数**.

定理 3.3　在 $\mathbf{R}^n$ 空间，若 $\|\cdot\|_p$ 和 $\|\cdot\|_q$ 是任意两个范数，则它们**等价**.

定理 3.3 表明：**在有限维空间中，向量的范数彼此都是等价的.**

6. 设 $\boldsymbol{x},\boldsymbol{y}\in\mathbf{R}^n$，则它们之间的距离为 $\|\boldsymbol{x}-\boldsymbol{y}\|$，即**范数是距离的推广**.

7. $\mathbf{R}^n$ 中向量序列的极限定义如下：

$$\lim_{k\to\infty}\boldsymbol{x}^{(k)}=\boldsymbol{x}\Leftrightarrow\lim_{k\to\infty}\|\boldsymbol{x}-\boldsymbol{x}^{(k)}\|=0.$$

8. 可以仿照向量范数给出矩阵范数的一般定义. 但在实际中，用的更多的是**矩阵的诱导范数(也称算子范数)**.

定义 3.5　矩阵 $\boldsymbol{A}$ 的**诱导范数** $\|\boldsymbol{A}\|$ 定义为

$$\|\boldsymbol{A}\|=\max_{\boldsymbol{x}\neq\boldsymbol{0}}\frac{\|\boldsymbol{A}\boldsymbol{x}\|}{\|\boldsymbol{x}\|}=\max_{\|\boldsymbol{x}\|=1}\|\boldsymbol{A}\boldsymbol{x}\|.$$

9. 直观上说，矩阵范数度量的是矩阵对向量的**最大拉伸**，度量方式按照给定的向量范数进行. 诱导范数满足：

- $\|\boldsymbol{A}\|\geqslant 0$，$\|\boldsymbol{A}\|=0\Leftrightarrow\boldsymbol{A}=\boldsymbol{O}$(正定性)；
- $\|\alpha\boldsymbol{A}\|=|\alpha|\cdot\|\boldsymbol{A}\|$，$\alpha\in\mathbf{R}$(齐次性)；
- $\|\boldsymbol{A}+\boldsymbol{B}\|\leqslant\|\boldsymbol{A}\|+\|\boldsymbol{B}\|$(三角不等式)；
- $\|\boldsymbol{A}\boldsymbol{x}\|\leqslant\|\boldsymbol{A}\|\cdot\|\boldsymbol{x}\|$(**相容性条件**(Consistency Conditions))；
- $\|\boldsymbol{A}\boldsymbol{B}\|\leqslant\|\boldsymbol{A}\|\cdot\|\boldsymbol{B}\|$(**子可乘性条件**(Sub-multiplicative Conditivns)).

10. 常用矩阵诱导范数的计算公式.

- **1- 范数的计算公式为** $\|\boldsymbol{A}\|_1=\max\limits_j\sum\limits_{i=1}^n|a_{ij}|$，它是一个**列范数.**
- **∞- 范数的计算公式为** $\|\boldsymbol{A}\|_\infty=\max\limits_i\sum\limits_{j=1}^n|a_{ij}|$，它是一个**行范数.**
- **2- 范数的计算公式为** $\|\boldsymbol{A}\|_2=\max\limits_{\boldsymbol{x}\neq\boldsymbol{0}}\dfrac{\|\boldsymbol{A}\boldsymbol{x}\|_2}{\|\boldsymbol{x}\|_2}=\sqrt{\rho(\boldsymbol{A}^{\mathrm{T}}\boldsymbol{A})}$.

11. 对于 2 -范数计算公式，需要知道以下几点：

- $\rho(\boldsymbol{A})$ 是矩阵 $\boldsymbol{A}$ 的**谱半径**，其定义为

$$\rho(\boldsymbol{A})=\max_{\lambda\in\sigma(\boldsymbol{A})}|\lambda|,$$

其中，$\sigma(\boldsymbol{A})$ 表示 $\boldsymbol{A}$ 的特征值全体. 由于特征值可能是复数，此处 $|\cdot|$ 指的是**模**.

- 特别的，如果 $\boldsymbol{A}$ 是**对称阵**，则 $\rho(\boldsymbol{A})=\|\boldsymbol{A}\|_2$，这是因为

$$\|\boldsymbol{A}\|_2=\sqrt{\rho(\boldsymbol{A}^{\mathrm{T}}\boldsymbol{A})}=\sqrt{\rho(\boldsymbol{A}^2)}=\rho(\boldsymbol{A}).$$

• 只有小规模问题的 2 -范数可以按公式直接来求.

• 对于规模稍微大一些的问题,模最大的特征值要通过数值方法来估算.

12. 一个重要结论:对任意的诱导范数,均有$\rho(\boldsymbol{A})\leqslant\|\boldsymbol{A}\|$. 即矩阵的任何一个诱导范数都不小于谱半径.

定理 3.4 设 $\boldsymbol{A}\in\mathbf{R}^{n\times n}$,则

$$\rho(\boldsymbol{A})=\inf_{\|\cdot\|}\|\boldsymbol{A}\|,$$

其中,inf 表示下确界,$\|\cdot\|$是**相容的矩阵范数**.

13. 把$\|\boldsymbol{A}-\boldsymbol{B}\|$称为矩阵 $\boldsymbol{A}$, $\boldsymbol{B}$ 间的距离. 有了距离,可以定义

$$\lim_{k\to\infty}\boldsymbol{A}^{(k)}=\boldsymbol{A}\Leftrightarrow\lim_{k\to\infty}\|\boldsymbol{A}-\boldsymbol{A}^{(k)}\|=0.$$

14. 一个非常重要的定理.

定理 3.5 $\lim\limits_{k\to\infty}\boldsymbol{B}^k=\boldsymbol{O}\Leftrightarrow\rho(\boldsymbol{B})<1.$

3.1.9 线性系统的误差分析

1. 一些在数学上等价的问题,在实际计算中却有很大的差别,也就是说问题有好坏之分.

2. 同时,我们需要对已求得的线性系统的近似解进行评估——**评估所得结果的可信程度.**

3. 对线性系统 $\boldsymbol{Ax}=\boldsymbol{b}$ 来说,其输入的是 $\boldsymbol{A}$,$\boldsymbol{b}$,输出的是 $\boldsymbol{x}$. 若发生扰动,会有如下三种情形:

• $\boldsymbol{A}$ 不变,$\boldsymbol{b}$ 有扰动情形,对于扰动方程 $\boldsymbol{A}(\boldsymbol{x}+\Delta\boldsymbol{x})=\boldsymbol{b}+\Delta\boldsymbol{b}$,此时

$$\frac{\|\Delta\boldsymbol{x}\|}{\|\boldsymbol{x}\|}\leqslant(\|\boldsymbol{A}\|\cdot\|\boldsymbol{A}^{-1}\|)\frac{\|\Delta\boldsymbol{b}\|}{\|\boldsymbol{b}\|}.$$

• $\boldsymbol{b}$ 不变,$\boldsymbol{A}$ 有扰动情形,对于扰动方程$(\boldsymbol{A}+\Delta\boldsymbol{A})(\boldsymbol{x}+\Delta\boldsymbol{x})=\boldsymbol{b}$,此时

$$\frac{\|\Delta\boldsymbol{x}\|}{\|\boldsymbol{x}\|}\lessapprox(\|\boldsymbol{A}\|\cdot\|\boldsymbol{A}^{-1}\|)\frac{\|\Delta\boldsymbol{A}\|}{\|\boldsymbol{A}\|}.$$

• $\boldsymbol{A}$, $\boldsymbol{b}$ 均有扰动情形,对于扰动方程$(\boldsymbol{A}+\Delta\boldsymbol{A})(\boldsymbol{x}+\Delta\boldsymbol{x})=\boldsymbol{b}+\Delta\boldsymbol{b}$,此时

$$\frac{\|\Delta\boldsymbol{x}\|}{\|\boldsymbol{x}\|}\lessapprox(\|\boldsymbol{A}\|\cdot\|\boldsymbol{A}^{-1}\|)\cdot\left(\frac{\|\Delta\boldsymbol{A}\|}{\|\boldsymbol{A}\|}+\frac{\|\Delta\boldsymbol{b}\|}{\|\boldsymbol{b}\|}\right).$$

4. $\|\boldsymbol{A}\|\cdot\|\boldsymbol{A}^{-1}\|$在误差分析中占据非常重要的地位. 实际上,它就是误差的**放大因子(Amplify Factor)**.

定义 3.6 称

$$\mathrm{cond}(\boldsymbol{A})=\|\boldsymbol{A}\|\cdot\|\boldsymbol{A}^{-1}\|$$

为矩阵 $\boldsymbol{A}$ 的条件数. 如果 $\boldsymbol{A}$ 是奇异矩阵,则令 $\mathrm{cond}(\boldsymbol{A})=\infty$.

5. 一个重要关系式:

$$\|\boldsymbol{A}\|\cdot\|\boldsymbol{A}^{-1}\|=\left(\max_{\boldsymbol{x}\neq\boldsymbol{0}}\frac{\|\boldsymbol{Ax}\|}{\|\boldsymbol{x}\|}\right)\Big/\left(\min_{\boldsymbol{x}\neq\boldsymbol{0}}\frac{\|\boldsymbol{Ax}\|}{\|\boldsymbol{x}\|}\right).$$

由此关系式可以看出：条件数描述了矩阵作用到任一非零向量 $\boldsymbol{x}$ 时

最大相对拉伸与最小相对压缩之间的比值.

6. 条件数的性质.

- 对恒等矩阵，$\text{cond}(\boldsymbol{I}_n)=1$.
- 对任意矩阵 $\boldsymbol{A}$，$\text{cond}(\boldsymbol{A})\geqslant 1$.
- 对任意常数 $\gamma\neq 0$，$\text{cond}(\gamma\boldsymbol{A})=\text{cond}(\boldsymbol{A})$.
- 对对角阵 $\boldsymbol{D}=\text{diag}(d_1,d_2,\cdots,d_n)$，$\text{cond}(\boldsymbol{D})=\dfrac{\max\limits_{1\leqslant i\leqslant n}|d_i|}{\min\limits_{1\leqslant i\leqslant n}|d_i|}$.
- 2- 范数条件数计算公式为

$$\text{cond}(\boldsymbol{A})_2=\|\boldsymbol{A}^{-1}\|_2\|\boldsymbol{A}\|_2=\sqrt{\frac{\lambda_{\max}(\boldsymbol{A}^{\mathrm{T}}\boldsymbol{A})}{\lambda_{\min}(\boldsymbol{A}^{\mathrm{T}}\boldsymbol{A})}}.$$

- 如果 $\boldsymbol{A}$ 是对称矩阵，则 2- 范数条件数计算公式为

$$\text{cond}(\boldsymbol{A})_2=\frac{|\lambda|_{\max}(\boldsymbol{A})}{|\lambda|_{\min}(\boldsymbol{A})}.$$

7. 如果条件数太大，就称矩阵是**病态矩阵**. 在实际计算中，**病态矩阵对应的线性系统在求解时会放大误差.**

8. 条件数是一个粗略估算计算误差的工具，**其准确值并没有太大意义**. 计算条件数时，一般都会选择估算.

9. 验证一个解 $\hat{\boldsymbol{x}}$ 是否适合原方程 $\boldsymbol{Ax}=\boldsymbol{b}$，通常是将其代入方程，看方程成立的“程度”. 即计算**余量**

$$\boldsymbol{r}=\boldsymbol{b}-\boldsymbol{A}\hat{\boldsymbol{x}},$$

看它与 $\boldsymbol{0}$ 的接近程度. 余量就是**一种向后误差分析.**

关于余量的具体讨论如下：

- 方程两边同时乘以非零常数，**解不变，但余量会发生改变.**
- 也就是说，由于问题的行调整，余量可以变得任意大或者小.
- 鉴于这个原因，通常考虑相对余量 $\dfrac{\|\boldsymbol{r}\|}{\|\boldsymbol{A}\|\cdot\|\hat{\boldsymbol{x}}\|}$.
- 根据余量同 $\Delta\boldsymbol{x}$ 的关系

$$\boldsymbol{r}=\boldsymbol{b}-\boldsymbol{A}\hat{\boldsymbol{x}}=\boldsymbol{Ax}-\boldsymbol{A}\hat{\boldsymbol{x}}=\boldsymbol{A}\Delta\boldsymbol{x}\Rightarrow\Delta\boldsymbol{x}=\boldsymbol{A}^{-1}\boldsymbol{r},$$

可以得到近似关系

$$\frac{\|\Delta\boldsymbol{x}\|}{\|\boldsymbol{x}\|}\lessapprox\text{cond}(\boldsymbol{A})\frac{\|\boldsymbol{r}\|}{\|\boldsymbol{A}\|\cdot\|\hat{\boldsymbol{x}}\|}.$$

- **当条件数较小时，相对余量和解的相对误差具有一致性.**
- 反之，**当条件数很大时，小的相对余量并不能说明解的相对误差较小.**

3.2 迭代法入门(补充内容)

3.2.1 迭代法和直接法的对比

1. 直接法通过有限步计算得到问题的解,其结果只受舍入误差的影响. 这种性质看起来很好,但是对于**大规模线性方程组来说,在工作量和存储方面付出的代价过高**.

2. 迭代法从解的一个初始估计开始,**逐步进行改进,直到达到所需的精度**.

3. 迭代法的**收敛**是一个无限过程,但只要某个范数度量出的误差小于一个给定值,迭代即可中止.

4. 对**大规模问题**而言,如果**迭代法收敛迅速**,它会优于直接法.

3.2.2 定常迭代法

1. 非线性方程迭代格式为 $x_{k+1}=\varphi(x_k)$,而对线性方程组问题,我们假设迭代格式为

$$\boldsymbol{x}^{(k+1)}=\boldsymbol{G}\boldsymbol{x}^{(k)}+\boldsymbol{c}.$$

2. 事实上,迭代格式 $\boldsymbol{x}^{(k+1)}=\boldsymbol{G}\boldsymbol{x}^{(k)}+\boldsymbol{c}$ 称为**定常迭代**. 其中,$\boldsymbol{G}$ 称为**迭代矩阵**,它和 $\boldsymbol{c}$ 均为常数;$\boldsymbol{x}^{(k+1)}$ 只和 $\boldsymbol{x}^{(k)}$ 相关,而同 $\boldsymbol{x}^{(k-1)}$ 等无关.

3. 通过**分裂(splitting)** 技术,可以得到非常多的定常迭代方法. 例如,令 $\boldsymbol{A}=\boldsymbol{M}-\boldsymbol{N}$,则

$$\boldsymbol{M}\boldsymbol{x}=\boldsymbol{N}\boldsymbol{x}+\boldsymbol{b},\quad \boldsymbol{x}=\boldsymbol{M}^{-1}\boldsymbol{N}\boldsymbol{x}+\boldsymbol{M}^{-1}\boldsymbol{b},$$

即 $\boldsymbol{G}=\boldsymbol{M}^{-1}\boldsymbol{N},\ \boldsymbol{c}=\boldsymbol{M}^{-1}\boldsymbol{b}$.

4. 实际应用时不会生成 $\boldsymbol{G}$,而是通过 $\boldsymbol{M}\boldsymbol{x}^{(k+1)}=\boldsymbol{N}\boldsymbol{x}^{(k)}+\boldsymbol{b}$ 完成递归,**每一步迭代都需要反解一个线性系统**.

5. 选择 $\boldsymbol{M},\ \boldsymbol{N}$ 时,需要**保证迭代格式是收敛的**,以及 $\boldsymbol{M}\boldsymbol{x}^{(k+1)}=\boldsymbol{N}\boldsymbol{x}^{(k)}+\boldsymbol{b}$ **容易求解**,同时收敛速度要尽可能的快.

6. 收敛性定理.

定理 3.6 迭代格式 $\boldsymbol{x}^{(k+1)}=\boldsymbol{G}\boldsymbol{x}^{(k)}+\boldsymbol{c}$ **收敛当且仅当**

$$\rho(\boldsymbol{G})<1.$$

7. 此外,**若** $\|\boldsymbol{G}\|<1$,**则** $\boldsymbol{x}^{(k+1)}=\boldsymbol{G}\boldsymbol{x}^{(k)}+\boldsymbol{c}$ 收敛. 即为保证算法收敛,需要

$$\rho(\boldsymbol{M}^{-1}\boldsymbol{N})<1 \quad 或者 \quad \|\boldsymbol{M}^{-1}\boldsymbol{N}\|<1.$$

8. 如果 $\rho(\boldsymbol{G})$ 越小,则收敛速度越快.

9. 设矩阵 $\boldsymbol{A}=(a_{ij})_{n\times n}$,则它的一个典型分解为 $\boldsymbol{A}=\boldsymbol{D}+\boldsymbol{L}+\boldsymbol{U}$,其中

$$D=\begin{bmatrix} a_{11} & & & & \\ & a_{22} & & & \\ & & a_{33} & & \\ & & & \ddots & \\ & & & & a_{nn} \end{bmatrix},\quad U=\begin{bmatrix} 0 & a_{12} & a_{13} & \cdots & a_{1n} \\ & 0 & a_{23} & \cdots & a_{2n} \\ & & \ddots & \ddots & \vdots \\ & & & 0 & a_{n-1,n} \\ & & & & 0 \end{bmatrix},$$

$$L=\begin{bmatrix} 0 & & & & \\ a_{21} & 0 & & & \\ \vdots & \vdots & \ddots & & \\ a_{n-1,1} & a_{n-1,2} & \cdots & 0 & \\ a_{n1} & a_{n2} & \cdots & a_{n,n-1} & 0 \end{bmatrix}.$$

10. 定常迭代法的**误差估计**.

定理 3.7　给定迭代格式

$$\boldsymbol{x}^{(k+1)}=\boldsymbol{G}\boldsymbol{x}^{(k)}+\boldsymbol{c},$$

若$\|\boldsymbol{G}\|=q<1$,$\boldsymbol{x}^*=\boldsymbol{G}\boldsymbol{x}^*+\boldsymbol{c}$,则

$$\|\boldsymbol{x}^{(k)}-\boldsymbol{x}^*\|\leqslant\frac{q}{1-q}\|\boldsymbol{x}^{(k)}-\boldsymbol{x}^{(k-1)}\|\quad\text{(事后误差估计)},$$

$$\|\boldsymbol{x}^{(k)}-\boldsymbol{x}^*\|\leqslant\frac{q^k}{1-q}\|\boldsymbol{x}^{(1)}-\boldsymbol{x}^{(0)}\|\quad\text{(事前误差估计)}.$$

如果给定容忍误差ε,可以通过

$$\frac{q^k}{1-q}\|\boldsymbol{x}^{(1)}-\boldsymbol{x}^{(0)}\|\leqslant\varepsilon$$

得知至少需要多少次迭代达到误差要求.

11. 关于收敛速度的详细结论.

定理 3.8　给定迭代格式$\boldsymbol{x}^{(k+1)}=\boldsymbol{G}\boldsymbol{x}^{(k)}+\boldsymbol{c}$,它的收敛速度为$-\ln\rho(\boldsymbol{G})$.

3.2.3 Jacobi 迭代

1. 令$\boldsymbol{M}=\boldsymbol{D}$, $\boldsymbol{N}=-(\boldsymbol{L}+\boldsymbol{U})$,则

$$\boldsymbol{x}^{(k+1)}=\boldsymbol{D}^{-1}(\boldsymbol{b}-(\boldsymbol{L}+\boldsymbol{U})\boldsymbol{x}^{(k)}).$$

这就是 Jacobi 迭代的**矩阵形式**,此时

$$\boldsymbol{G}=-\boldsymbol{D}^{-1}(\boldsymbol{L}+\boldsymbol{U})=-\boldsymbol{D}^{-1}(\boldsymbol{A}-\boldsymbol{D})=\boldsymbol{I}-\boldsymbol{D}^{-1}\boldsymbol{A}.$$

2. Jacobi 迭代的分量形式为

$$x_i^{(k+1)}=\frac{b_i-\sum\limits_{j\neq i}^{n}a_{ij}x_j^{(k)}}{a_{ii}},\quad i=1,2,\cdots,n.$$

3. Jacobi 迭代法并不总是收敛的,收敛性条件是

$$\rho(\boldsymbol{D}^{-1}(\boldsymbol{L}+\boldsymbol{U}))<1 \quad \text{或者} \quad \|\boldsymbol{D}^{-1}(\boldsymbol{L}+\boldsymbol{U})\|<1.$$

4. 计算谱半径时,特征方程 $|\lambda \boldsymbol{I}+\boldsymbol{D}^{-1}(\boldsymbol{L}+\boldsymbol{U})|=0$ 通常化为

$$|\lambda \boldsymbol{D}+\boldsymbol{L}+\boldsymbol{U}|=0.$$

5. 如果 $\boldsymbol{A}$ **是严格对角占优矩阵,Jacobi 迭代法收敛.**

6. Jacobi 迭代法的**收敛速度通常很慢.**

3.2.4 Gauss-Seidel 迭代

1. Jacobi 迭代法收敛慢的一个原因是**它没有及时利用最新信息**,新的分量值只有在下个迭代时才被利用.

2. Gauss-Seidel 迭代法弥补了这一缺陷,它的分量形式为

$$x_i^{(k+1)}=\frac{b_i-\sum_{j=1}^{i-1}a_{ij}x_j^{(k+1)}-\sum_{j=i+1}^{n}a_{ij}x_j^{(k)}}{a_{ii}}, \quad i=1,2,\cdots,n.$$

3. Gauss-Seidel 迭代法**一旦得到最新的信息,立即用到随后的迭代过程中.**

4. Gauss-Seidel 迭代的矩阵形式是

$$\boldsymbol{x}^{(k+1)}=\boldsymbol{D}^{-1}(\boldsymbol{b}-\boldsymbol{L}\boldsymbol{x}^{(k+1)}-\boldsymbol{U}\boldsymbol{x}^{(k)}),$$

即

$$\boldsymbol{x}^{(k+1)}=(\boldsymbol{D}+\boldsymbol{L})^{-1}(\boldsymbol{b}-\boldsymbol{U}\boldsymbol{x}^{(k)}),$$

此时

$$\boldsymbol{G}=-(\boldsymbol{D}+\boldsymbol{L})^{-1}\boldsymbol{U}=-(\boldsymbol{D}+\boldsymbol{L})^{-1}(\boldsymbol{A}-\boldsymbol{D}-\boldsymbol{L})=\boldsymbol{I}-(\boldsymbol{D}+\boldsymbol{L})^{-1}\boldsymbol{A}.$$

5. Gauss-Seidel 迭代法也不总是收敛的.

6. 如果 $\boldsymbol{A}$ **是严格对角占优矩阵,Gauss-Seidel 迭代法收敛.**

7. 如果 $\boldsymbol{A}$ **是对称正定矩阵,Gauss-Seidel 方法也收敛**(SOR 的特例).

8. 尽管 Gauss-Seidel 迭代比 Jacobi 迭代快了很多,但实际应用中**依然太慢.**

3.2.5 Successive Over-Relaxation 迭代

1. Successive Over-Relaxation(SOR) 迭代可以说是 Gauss-Seidel 迭代的一种加速技术.

2. SOR 方法的矩阵形式为

$$\boldsymbol{x}^{(k+1)}=\boldsymbol{x}^{(k)}+\omega(\boldsymbol{x}_{\mathrm{GS}}^{(k+1)}-\boldsymbol{x}^{(k)})=(1-\omega)\boldsymbol{x}^{(k)}+\omega\boldsymbol{x}_{\mathrm{GS}}^{(k+1)},$$

其中

$$\boldsymbol{x}_{\mathrm{GS}}^{(k+1)}=\boldsymbol{D}^{-1}(\boldsymbol{b}-\boldsymbol{L}\boldsymbol{x}^{(k+1)}-\boldsymbol{U}\boldsymbol{x}^{(k)}),$$

而 ω 称为**松弛因子**,其值会影响收敛的速度.

3. SOR 方法可以理解为利用 Gauss-Seidel 方法**做了一次误差修正.**

4. SOR 方法也可以理解为把 Gauss-Seidel 迭代的结果和 Jacobi 迭代的结果做

了一个平均.

5. SOR 方法的矩阵形式也可写为

$$\boldsymbol{x}^{(k+1)}=(\boldsymbol{D}+\omega\boldsymbol{L})^{-1}((1-\omega)\boldsymbol{D}-\omega\boldsymbol{U})\boldsymbol{x}^{(k)}+\omega(\boldsymbol{D}+\omega\boldsymbol{L})^{-1}\boldsymbol{b}.$$

推导的时候最好利用 $\boldsymbol{x}_{\mathrm{GS}}^{(k+1)}=\boldsymbol{D}^{-1}(\boldsymbol{b}-\boldsymbol{L}\boldsymbol{x}^{(k+1)}-\boldsymbol{U}\boldsymbol{x}^{(k)})$.

6. 总结来说:

$$\boldsymbol{M}=\frac{1}{\omega}\boldsymbol{D}+\boldsymbol{L},\quad \boldsymbol{N}=\left(\frac{1}{\omega}-1\right)\boldsymbol{D}-\boldsymbol{U}.$$

7. 对任意 $\omega\in\mathbf{R}$ 有

$$\rho(\boldsymbol{G}_{\mathrm{SOR}})\geqslant|\omega-1|,$$

因此 SOR 方法**收敛的必要条件**是 $0<\omega<2$.

8. 如果 $\boldsymbol{A}$ 是对称正定矩阵,则 SOR 收敛 $\Leftrightarrow 0<\omega<2$.

9. Gauss-Seidel 迭代格式是 SOR 方法 $\omega=1$ 时的特例.

3.2.6　总结

1. 以上三种迭代方法是最基本的迭代方法,也是构造更好算法的思想基础.

2. 以上三种方法往往**都不直接用来求解大规模问题.**

3. MATLAB 甚至不提供这些算法的函数文件.

4. 对大规模问题,常用的算法有 **CG, BiCGSTAB, GMRES 等.**

5. 但这三种算法依然有价值,可以利用它们来计算初始近似值,也可以针对具体问题进行适当改进得到高效算法.

3.3　典型例题解析

例 1　设 $\boldsymbol{A}$ 是对称矩阵且 $a_{11}\neq 0$,经过一步高斯消去后,$\boldsymbol{A}$ 化为 $\begin{bmatrix}a_{11} & \boldsymbol{a}_1^{\mathrm{T}}\\ \boldsymbol{0} & \boldsymbol{A}_2\end{bmatrix}$,证明:$\boldsymbol{A}_2$ 仍是对称矩阵.

分析　本题主要考查对高斯消去过程的理解.

证明　• 因为 $\boldsymbol{A}$ 是对称矩阵,则 $a_{ij}=a_{ji}$,

• 可得 $a_{ij}^{(2)}=a_{ij}-\dfrac{a_{i1}}{a_{11}}a_{1j}=a_{ji}-\dfrac{a_{j1}}{a_{11}}a_{1i}=a_{ji}^{(2)}$,

• 因此 $\boldsymbol{A}_2$ 是对称矩阵.

例 2　设 $\boldsymbol{A}$ 是对称正定矩阵.

(1) 证明:$a_{ii}>0$;

(2) 若经过一步高斯消去后 $\boldsymbol{A}$ 化为 $\begin{bmatrix}a_{11} & \boldsymbol{a}_1^{\mathrm{T}}\\ \boldsymbol{0} & \boldsymbol{A}_2\end{bmatrix}$,证明:$\boldsymbol{A}_2$ 仍是对称正定矩阵.

提示 本题是上一题的推广，它表明**在使用高斯消去法时，矩阵正定对称的特点保留了下来.**

证明 (1) $a_{ii}=\boldsymbol{e}_i^{\mathrm{T}}\boldsymbol{A}\boldsymbol{e}_i>0$.

(2) • $a_{ij}^{(2)}=a_{ij}-\dfrac{a_{i1}}{a_{11}}a_{1j}=a_{ji}-\dfrac{a_{j1}}{a_{11}}a_{1i}=a_{ji}^{(2)}$，因此 $\boldsymbol{A}_2$ 是对称矩阵.

• 要证明 $\boldsymbol{A}_2$ 是正定的，考虑矩阵的合同变换.

• 已知 $\boldsymbol{M}_1\boldsymbol{A}=\begin{bmatrix} a_{11} & \boldsymbol{a}_1^{\mathrm{T}} \\ \boldsymbol{0} & \boldsymbol{A}_2 \end{bmatrix}$，其中 $\boldsymbol{M}_1$ 是基本消去矩阵. 根据 $\boldsymbol{A}$ 是对称阵，则

$$\boldsymbol{M}_1=\begin{bmatrix} 1 & \boldsymbol{0} \\ -\dfrac{\boldsymbol{a}_1}{a_{11}} & \boldsymbol{I}_{n-1} \end{bmatrix}.$$

• 利用矩阵的分块计算，得到

$$\boldsymbol{M}_1\boldsymbol{A}\boldsymbol{M}_1^{\mathrm{T}}=\begin{bmatrix} a_{11} & \boldsymbol{a}_1^{\mathrm{T}} \\ \boldsymbol{0} & \boldsymbol{A}_2 \end{bmatrix}\begin{bmatrix} 1 & -\dfrac{\boldsymbol{a}_1}{a_{11}} \\ \boldsymbol{0} & \boldsymbol{I}_{n-1} \end{bmatrix}=\begin{bmatrix} a_{11} & \boldsymbol{0} \\ \boldsymbol{0} & \boldsymbol{A}_2 \end{bmatrix}.$$

因为 $\boldsymbol{M}_1$ 是单位下三角矩阵，它可逆，从而 $\boldsymbol{M}_1\boldsymbol{A}\boldsymbol{M}_1^{\mathrm{T}}$ 与 $\boldsymbol{A}$ 具有**相同的全系不变量**，所以 $\boldsymbol{A}_2$ 也是正定的.

例 3 用列主元高斯消去法求解下列线性方程组：

$$\begin{bmatrix} 12 & -3 & 3 \\ -18 & 3 & -1 \\ 1 & 1 & 1 \end{bmatrix}\begin{bmatrix} x_1 \\ x_2 \\ x_3 \end{bmatrix}=\begin{bmatrix} 15 \\ -15 \\ 6 \end{bmatrix}.$$

解 写出增广矩阵，具体变换如下：

$$\begin{bmatrix} 12 & -3 & 3 & 15 \\ -18 & 3 & -1 & -15 \\ 1 & 1 & 1 & 6 \end{bmatrix}\rightarrow\begin{bmatrix} -18 & 3 & -1 & -15 \\ 12 & -3 & 3 & 15 \\ 1 & 1 & 1 & 6 \end{bmatrix}$$

$$\rightarrow\begin{bmatrix} -18 & 3 & -1 & -15 \\ 0 & -1 & \dfrac{7}{3} & 5 \\ 0 & \dfrac{7}{6} & \dfrac{17}{18} & \dfrac{31}{6} \end{bmatrix}\rightarrow\begin{bmatrix} -18 & 3 & -1 & -15 \\ 0 & \dfrac{7}{6} & \dfrac{17}{18} & \dfrac{31}{6} \\ 0 & -1 & \dfrac{7}{3} & 5 \end{bmatrix}$$

$$\rightarrow\begin{bmatrix} -18 & 3 & -1 & -15 \\ 0 & \dfrac{7}{6} & \dfrac{17}{18} & \dfrac{31}{6} \\ 0 & 0 & \dfrac{22}{7} & \dfrac{66}{7} \end{bmatrix},$$

因此得到方程组

$$\begin{bmatrix} -18 & 3 & -1 \\ 0 & \frac{7}{6} & \frac{17}{18} \\ 0 & 0 & \frac{22}{7} \end{bmatrix} \begin{bmatrix} x_1 \\ x_2 \\ x_3 \end{bmatrix} = \begin{bmatrix} -15 \\ \frac{31}{6} \\ \frac{66}{7} \end{bmatrix},$$

解得 $x_3=3, x_2=2, x_1=1$.

例 4　用追赶法求解三对角方程组 $\boldsymbol{Ax}=\boldsymbol{b}$,其中

$$\boldsymbol{A}=\begin{bmatrix} 2 & -1 & 0 & 0 & 0 \\ -1 & 2 & -1 & 0 & 0 \\ 0 & -1 & 2 & -1 & 0 \\ 0 & 0 & -1 & 2 & -1 \\ 0 & 0 & 0 & -1 & 2 \end{bmatrix}, \quad \boldsymbol{b}=\begin{bmatrix} 1 \\ 0 \\ 0 \\ 0 \\ 0 \end{bmatrix}.$$

提示　本题可以通过直接设 $\boldsymbol{A}=\boldsymbol{LU}$ 来求解.

解　• 设 $\boldsymbol{A}=\boldsymbol{LU}$,则

$$\boldsymbol{L}=\begin{bmatrix} 1 & & & & \\ m_2 & 1 & & & \\ & m_3 & 1 & & \\ & & m_4 & 1 & \\ & & & m_5 & 1 \end{bmatrix}, \quad \boldsymbol{U}=\begin{bmatrix} d_1 & -1 & & & \\ & d_2 & -1 & & \\ & & d_3 & -1 & \\ & & & d_4 & -1 \\ & & & & d_5 \end{bmatrix}.$$

• 利用 $\boldsymbol{A}=\boldsymbol{LU}$,可以得到

$$d_1=2, \quad m_i=-\frac{1}{d_{i-1}}, \quad d_i=2+m_i, \quad i=2,3,4,5.$$

• 计算得到

$$m_2=-\frac{1}{2}, \quad d_2=\frac{3}{2}, \quad m_3=-\frac{2}{3}, \quad d_3=\frac{4}{3},$$

$$m_4=-\frac{3}{4}, \quad d_4=\frac{5}{4}, \quad m_5=-\frac{4}{5}, \quad d_5=\frac{6}{5}.$$

• $\boldsymbol{Ly}=\boldsymbol{b}$ 为 $\begin{bmatrix} 1 & & & & \\ -\frac{1}{2} & 1 & & & \\ & -\frac{2}{3} & 1 & & \\ & & -\frac{3}{4} & 1 & \\ & & & -\frac{4}{5} & 1 \end{bmatrix} \begin{bmatrix} y_1 \\ y_2 \\ y_3 \\ y_4 \\ y_5 \end{bmatrix} = \begin{bmatrix} 1 \\ 0 \\ 0 \\ 0 \\ 0 \end{bmatrix}$,解得 $\boldsymbol{y}=\begin{bmatrix} 1 \\ \frac{1}{2} \\ \frac{1}{3} \\ \frac{1}{4} \\ \frac{1}{5} \end{bmatrix}$.

• $Ux=y$ 为 $\begin{bmatrix} 2 & -1 & & & \\ & \frac{3}{2} & -1 & & \\ & & \frac{4}{3} & -1 & \\ & & & \frac{5}{4} & -1 \\ & & & & \frac{6}{5} \end{bmatrix}\begin{bmatrix} x_1 \\ x_2 \\ x_3 \\ x_4 \\ x_5 \end{bmatrix}=\begin{bmatrix} 1 \\ \frac{1}{2} \\ \frac{1}{3} \\ \frac{1}{4} \\ \frac{1}{5} \end{bmatrix}$，解得 $x=\begin{bmatrix} \frac{5}{6} \\ \frac{2}{3} \\ \frac{1}{2} \\ \frac{1}{3} \\ \frac{1}{6} \end{bmatrix}$.

例 5　设矩阵 A 为 n 阶非奇异矩阵，且 A 存在 LU 分解($A=LU$)，证明：A 的所有顺序主子式均不等于 0.

提示　本题探讨矩阵 LU 分解的性质，利用分块矩阵进行分析即可.

证明　因为 $A=LU$，其中 L 是单位下三角矩阵，U 是对角线元素均不为 0 的上三角阵，则利用矩阵的分块可得

$$\begin{bmatrix} A_k & A_{12} \\ A_{21} & A_{22} \end{bmatrix}=\begin{bmatrix} L_k & O \\ L_{21} & L_{22} \end{bmatrix}\begin{bmatrix} U_k & U_{12} \\ O & U_{22} \end{bmatrix},$$

从而 $A_k=L_kU_k$，其中 L_k 是单位下三角矩阵，U_k 是对角线元素均不为 0 的上三角阵. 因此

$$|A_k|=|L_kU_k|=|U_k|\neq 0.$$

例 6　设矩阵 $A=\begin{bmatrix} 0.6 & 0.5 \\ 0.1 & 0.3 \end{bmatrix}$，计算矩阵的 1- 范数，2- 范数和 ∞- 范数.

解　• $\|A\|_1=\max\{0.7,0.8\}=0.8$.

• $\|A\|_\infty=\max\{1.1,0.4\}=1.1$.

• 因为

$$A^{\mathrm{T}}A=\begin{bmatrix} 0.6 & 0.1 \\ 0.5 & 0.3 \end{bmatrix}\begin{bmatrix} 0.6 & 0.5 \\ 0.1 & 0.3 \end{bmatrix}=\begin{bmatrix} 0.37 & 0.33 \\ 0.33 & 0.34 \end{bmatrix},$$

由 $|\lambda I-A^{\mathrm{T}}A|=0$ 得到特征方程

$$\lambda^2-0.71\lambda+0.0169=0,\quad \text{解得}\quad \lambda_{\max}=0.685341,$$

故 $\|A\|_2=\sqrt{0.685341}=0.827853$.

例 7　设 $A=\begin{bmatrix} 100 & 99 \\ 99 & 98 \end{bmatrix}$，求 $\mathrm{cond}(A)_\infty$ 和 $\mathrm{cond}(A)_2$.

解　• 因为 $A^{-1}=\begin{bmatrix} -98 & 99 \\ 99 & -100 \end{bmatrix}$，则 $\mathrm{cond}(A)_\infty=199\times 199=39601$.

• 因为 A 是对称阵，又 $|\lambda I-A|=\lambda^2-198\lambda-1=0$，从而

$$\text{cond}(\boldsymbol{A})_2=\frac{|\lambda|_{\max}}{|\lambda|_{\min}}=\frac{198.005}{0.00505038}=39206.$$

例 8　设 $\boldsymbol{A}=\begin{bmatrix}2 & -1 & 0\\ -1 & 3 & -1\\ 0 & -1 & 2\end{bmatrix}$,求 $\|\boldsymbol{A}\|_p(p=1,\ 2,\ \infty)$, $\text{cond}(\boldsymbol{A})_2$.

解　• $\|\boldsymbol{A}\|_1=\|\boldsymbol{A}\|_\infty=5$.

• $\boldsymbol{A}$ 是对称矩阵,它的特征方程为

$$\begin{vmatrix}\lambda-2 & 1 & 0\\ 1 & \lambda-3 & 1\\ 0 & 1 & \lambda-2\end{vmatrix}=0\Rightarrow \lambda_1=1,\ \lambda_2=2,\ \lambda_3=4,$$

因此 $\|\boldsymbol{A}\|_2=4$, $\text{cond}(\boldsymbol{A})_2=4$.

例 9　设 $\boldsymbol{A}\in\mathbf{R}^{n\times n}$ 且非奇异,$\|\cdot\|$ 是 $\mathbf{R}^n$ 中一向量范数,定义 $\|\boldsymbol{x}\|_A=\|\boldsymbol{Ax}\|$,证明:$\|\boldsymbol{x}\|_A$ 是 $\mathbf{R}^n$ 中一向量范数.

提示　本题主要考查对范数概念的理解,同时提供了一种构造更多向量范数的方式.

证明　逐个验证正定性、齐次性和三角不等式.

• 正定性:$\|\boldsymbol{x}\|_A=\|\boldsymbol{Ax}\|\geqslant 0$;若 $\|\boldsymbol{x}\|_A=0$,则 $\|\boldsymbol{Ax}\|=0$,即 $\boldsymbol{Ax}=\boldsymbol{0}$,而 $\boldsymbol{A}$ 可逆,因此 $\boldsymbol{x}=\boldsymbol{0}$.

• 齐次性:$\|k\boldsymbol{x}\|_A=\|\boldsymbol{A}(k\boldsymbol{x})\|=\|k(\boldsymbol{Ax})\|=|k|\cdot\|\boldsymbol{Ax}\|=|k|\cdot\|\boldsymbol{x}\|_A$.

• 三角不等式:

$$\begin{aligned}\|\boldsymbol{x}+\boldsymbol{y}\|_A&=\|\boldsymbol{A}(\boldsymbol{x}+\boldsymbol{y})\|=\|\boldsymbol{Ax}+\boldsymbol{Ay}\|\\&\leqslant\|\boldsymbol{Ax}\|+\|\boldsymbol{Ay}\|=\|\boldsymbol{x}\|_A+\|\boldsymbol{y}\|_A.\end{aligned}$$

例 10　设 $\boldsymbol{A}\in\mathbf{R}^{n\times n}$ 为对称正定矩阵,定义 $\|\boldsymbol{x}\|_A=\sqrt{(\boldsymbol{Ax},\boldsymbol{x})}$,证明:$\|\boldsymbol{x}\|_A$ 是 $\mathbf{R}^n$ 中一向量范数.

提示　本题提供了另一种构造向量范数的方式,并在定义中用到了内积.

证明　逐个验证正定性、齐次性和三角不等式.

• 正定性:因为 $\boldsymbol{A}$ 是对称正定矩阵,则

$$(\boldsymbol{x},\boldsymbol{Ax})=\boldsymbol{x}^{\mathrm{T}}\boldsymbol{Ax}\geqslant 0,\quad \|\boldsymbol{x}\|_A=\sqrt{(\boldsymbol{Ax},\boldsymbol{x})}\geqslant 0.$$

而

$$\|\boldsymbol{x}\|_A=0\Leftrightarrow \boldsymbol{x}^{\mathrm{T}}\boldsymbol{Ax}=0\Leftrightarrow \boldsymbol{x}=\boldsymbol{0}.$$

• 齐次性:

$$\begin{aligned}\|k\boldsymbol{x}\|_A&=\sqrt{(\boldsymbol{A}k\boldsymbol{x},k\boldsymbol{x})}=\sqrt{k^2(\boldsymbol{Ax},\boldsymbol{x})}=|k|\cdot\sqrt{(\boldsymbol{Ax},\boldsymbol{x})}\\&=|k|\cdot\|\boldsymbol{x}\|_A.\end{aligned}$$

• 三角不等式:因为 $\boldsymbol{A}$ 是对称正定矩阵,则它可以分解为 $\boldsymbol{A}=\boldsymbol{LL}^{\mathrm{T}}$,其中 $\boldsymbol{L}$ 非

奇异. 因此$\|\boldsymbol{x}\|_A=\|\boldsymbol{L}^{\mathrm{T}}\boldsymbol{x}\|_2$,则

$$\|\boldsymbol{x}+\boldsymbol{y}\|_A=\|\boldsymbol{L}^{\mathrm{T}}(\boldsymbol{x}+\boldsymbol{y})\|_2\leqslant\|\boldsymbol{L}^{\mathrm{T}}\boldsymbol{x}\|_2+\|\boldsymbol{L}^{\mathrm{T}}\boldsymbol{y}\|_2=\|\boldsymbol{x}\|_A+\|\boldsymbol{y}\|_A.$$

例 11 设$\boldsymbol{A}\in\mathbf{R}^{n\times n}$且非奇异,证明:$\dfrac{1}{\|\boldsymbol{A}^{-1}\|_\infty}=\min\limits_{\boldsymbol{y}\neq\boldsymbol{0}}\dfrac{\|\boldsymbol{A}\boldsymbol{y}\|_\infty}{\|\boldsymbol{y}\|_\infty}$.

证明 根据定义$\|\boldsymbol{A}^{-1}\|_\infty=\max\limits_{\boldsymbol{x}\neq\boldsymbol{0}}\dfrac{\|\boldsymbol{A}^{-1}\boldsymbol{x}\|_\infty}{\|\boldsymbol{x}\|_\infty}$,令$\boldsymbol{y}=\boldsymbol{A}^{-1}\boldsymbol{x}$,则

$$\|\boldsymbol{A}^{-1}\|_\infty=\max_{\boldsymbol{x}\neq\boldsymbol{0}}\frac{\|\boldsymbol{A}^{-1}\boldsymbol{x}\|_\infty}{\|\boldsymbol{x}\|_\infty}=\max_{\boldsymbol{y}\neq\boldsymbol{0}}\frac{\|\boldsymbol{y}\|_\infty}{\|\boldsymbol{A}\boldsymbol{y}\|_\infty},$$

因此$\dfrac{1}{\|\boldsymbol{A}^{-1}\|_\infty}=\min\limits_{\boldsymbol{y}\neq\boldsymbol{0}}\dfrac{\|\boldsymbol{A}\boldsymbol{y}\|_\infty}{\|\boldsymbol{y}\|_\infty}$.

例 12 设$\boldsymbol{A}=\begin{bmatrix}2&1\\1&1\end{bmatrix}$.

(1) 计算$\mathrm{cond}(\boldsymbol{A})_\infty$;

(2) 考虑矩阵$\boldsymbol{B}=\boldsymbol{P}_1(\lambda)\boldsymbol{A}=\begin{bmatrix}2\lambda&\lambda\\1&1\end{bmatrix}$,证明:$\lambda=\pm\dfrac{2}{3}$时,$\mathrm{cond}(\boldsymbol{B})_\infty$最小.

解 (1) $\|\boldsymbol{A}\|_\infty=3$,$\boldsymbol{A}^{-1}=\begin{bmatrix}1&-1\\-1&2\end{bmatrix}$,$\|\boldsymbol{A}^{-1}\|_\infty=3$,因此$\mathrm{cond}(\boldsymbol{A})_\infty=9$.

(2) 不妨设$\lambda\neq0$,则

$$\|\boldsymbol{B}\|_\infty=\begin{cases}3|\lambda|, & |\lambda|\geqslant\dfrac{2}{3},\\[2mm] 2, & |\lambda|<\dfrac{2}{3},\end{cases}$$

而$\boldsymbol{B}^{-1}=\begin{bmatrix}\dfrac{1}{\lambda}&-1\\-\dfrac{1}{\lambda}&2\end{bmatrix}$,因此$\|\boldsymbol{B}^{-1}\|_\infty=2+\dfrac{1}{|\lambda|}$,所以

$$\mathrm{cond}(\boldsymbol{B})_\infty=\|\boldsymbol{B}\|_\infty\|\boldsymbol{B}^{-1}\|_\infty=\begin{cases}6|\lambda|+3, & |\lambda|\geqslant\dfrac{2}{3},\\[2mm] 4+\dfrac{2}{|\lambda|}, & |\lambda|<\dfrac{2}{3}.\end{cases}$$

从而当$\lambda=\pm\dfrac{2}{3}$时,$\mathrm{cond}(\boldsymbol{B})_\infty$最小.

例 13 设$\boldsymbol{A}$是正交矩阵,证明:$\mathrm{cond}(\boldsymbol{A})_2=1$.

证明 因为$\boldsymbol{A}^{\mathrm{T}}\boldsymbol{A}=\boldsymbol{I}$,所以

$$\mathrm{cond}(\boldsymbol{A})_2=\sqrt{\frac{\lambda_{\max}(\boldsymbol{A}^{\mathrm{T}}\boldsymbol{A})}{\lambda_{\min}(\boldsymbol{A}^{\mathrm{T}}\boldsymbol{A})}}=1.$$

例 14　设 $\boldsymbol{A}, \boldsymbol{B} \in \mathbf{R}^{n\times n}$ 且均可逆，$\|\cdot\|$为矩阵的诱导范数，证明：

$$\mathrm{cond}(\boldsymbol{AB}) \leqslant \mathrm{cond}(\boldsymbol{A})\mathrm{cond}(\boldsymbol{B}).$$

证明　$\mathrm{cond}(\boldsymbol{AB}) = \|\boldsymbol{AB}\|\cdot\|(\boldsymbol{AB})^{-1}\| \leqslant \|\boldsymbol{A}\|\cdot\|\boldsymbol{A}^{-1}\|\cdot\|\boldsymbol{B}\|\cdot\|\boldsymbol{B}^{-1}\|$

$= \mathrm{cond}(\boldsymbol{A})\mathrm{cond}(\boldsymbol{B}).$

例 15　给定线性方程组 $\boldsymbol{Ax}=\boldsymbol{b}$ 为

$$\begin{bmatrix}1 & 2\\3 & 4\end{bmatrix}\begin{bmatrix}x_1\\x_2\end{bmatrix}=\begin{bmatrix}5\\11\end{bmatrix}.$$

(1) 若给 $\boldsymbol{b}$ 一扰动 $\Delta\boldsymbol{b}=\begin{bmatrix}-0.01\\0\end{bmatrix}$，试估计解 $\boldsymbol{x}$ 的相对误差；

(2) 若给 $\boldsymbol{A}$ 一扰动 $\Delta\boldsymbol{A}=\begin{bmatrix}0 & 0\\0.01 & 0.01\end{bmatrix}$，试估计解 $\boldsymbol{x}$ 的相对误差.

解　由 $\boldsymbol{A}=\begin{bmatrix}1 & 2\\3 & 4\end{bmatrix}$可得 $\boldsymbol{A}^{-1}=\begin{bmatrix}-2 & 1\\ \frac{3}{2} & -\frac{1}{2}\end{bmatrix}$，则取无穷范数得到

$$\mathrm{cond}(\boldsymbol{A})_\infty = 21.$$

(1) $\dfrac{\|\Delta\boldsymbol{x}\|_\infty}{\|\boldsymbol{x}\|_\infty} \leqslant 21\dfrac{\|\Delta\boldsymbol{b}\|_\infty}{\|\boldsymbol{b}\|_\infty} \approx 0.01909.$

(2) $\dfrac{\|\Delta\boldsymbol{x}\|_\infty}{\|\boldsymbol{x}\|_\infty} \leqslant 21\dfrac{\|\Delta\boldsymbol{A}\|_\infty}{\|\boldsymbol{A}\|_\infty} \approx 0.06.$

例 16(拓展题)　已知矩阵

$$\boldsymbol{A}=\begin{bmatrix}1 & -1 & -1 & \cdots & -1 & -1\\ & 1 & -1 & \cdots & -1 & -1\\ & & 1 & \cdots & -1 & -1\\ & & & \ddots & \vdots & \vdots\\ & & & & 1 & -1\\ & & & & & 1\end{bmatrix} \in \mathbf{R}^{n\times n},$$

证明：$\mathrm{cond}(\boldsymbol{A})_\infty = n\cdot 2^{n-1}$.

证明　• $\|\boldsymbol{A}\|_\infty = n$.

• 利用初等变换法求出 $\boldsymbol{A}^{-1}$：

$$(\boldsymbol{A}\,\vdots\,\boldsymbol{I})=\left[\begin{array}{ccccc:ccccc}1 & -1 & \cdots & -1 & -1 & 1 & 0 & \cdots & 0 & 0\\ & 1 & \cdots & -1 & -1 & & 1 & \cdots & 0 & 0\\ & & \ddots & \vdots & \vdots & & & \ddots & \vdots & \vdots\\ & & & 1 & -1 & & & & 1 & 0\\ & & & & 1 & & & & & 1\end{array}\right]$$

$$\rightarrow\left[\begin{array}{ccccc:ccccc}1 & -1 & \cdots & -1 & 0 & 1 & 0 & \cdots & 0 & 1\\ & 1 & \cdots & -1 & 0 & & 1 & \cdots & 0 & 1\\ & & \ddots & \vdots & \vdots & & & \ddots & \vdots & \vdots\\ & & & 1 & 0 & & & & 1 & 1\\ & & & & 1 & & & & & 1\end{array}\right]$$

$$\rightarrow\left[\begin{array}{ccccc:ccccc}1 & -1 & \cdots & 0 & 0 & 1 & 0 & \cdots & 1 & 2\\ & 1 & \cdots & 0 & 0 & & 1 & \cdots & 1 & 2\\ & & \ddots & \vdots & \vdots & & & \ddots & \vdots & \vdots\\ & & & 1 & 0 & & & & 1 & 1\\ & & & & 1 & & & & & 1\end{array}\right]$$

$$\rightarrow\cdots$$

$$\rightarrow\left[\begin{array}{ccccc:ccccc}1 & 0 & \cdots & 0 & 0 & 1 & 1 & \cdots & 2^{n-3} & 2^{n-2}\\ & 1 & \cdots & 0 & 0 & & 1 & \cdots & 2^{n-4} & 2^{n-3}\\ & & \ddots & \vdots & \vdots & & & \ddots & \vdots & \vdots\\ & & & 1 & 0 & & & & 1 & 1\\ & & & & 1 & & & & & 1\end{array}\right],$$

即 $A^{-1}=\begin{bmatrix}1 & 1 & 2 & 2^2 & \cdots & 2^{n-3} & 2^{n-2}\\ & 1 & 1 & 2 & \cdots & 2^{n-4} & 2^{n-3}\\ & & 1 & 1 & \cdots & 2^{n-5} & 2^{n-4}\\ & & & \ddots & \ddots & \vdots & \vdots\\ & & & & \ddots & 1 & 2\\ & & & & & 1 & 1\\ & & & & & & 1\end{bmatrix}$，从而

$$\|A^{-1}\|_\infty=1+1+2+\cdots+2^{n-2}=2^{n-1},$$

所以 $\mathrm{cond}(A)_\infty=n\cdot 2^{n-1}$.

例 17（拓展题） 设有线性方程组

$$\begin{bmatrix}1 & \frac{1}{2} & \frac{1}{3}\\ \frac{1}{2} & \frac{1}{3} & \frac{1}{4}\\ \frac{1}{3} & \frac{1}{4} & \frac{1}{5}\end{bmatrix}\begin{bmatrix}x_1\\ x_2\\ x_3\end{bmatrix}=\begin{bmatrix}\frac{11}{6}\\ \frac{13}{12}\\ \frac{47}{60}\end{bmatrix}.$$

(1) 分析该方程组的性态；

(2) 如果采用 2 位十进制进行计算，比较数值解和精确解.

提示 该矩阵为著名的 Hilbert 矩阵.

解　(1) • 直接观察可以得到系统的精确解为 $x_1=x_2=x_3=1$.

• 通过如下的 **Mathematica 代码**进行分析:

```
A=HilbertMatrix[3]
B=Inverse[A]
Norm[A,Infinity]
Norm[B,Infinity]
cond=Norm[A,Infinity]* Norm[B,Infinity]
```

• 程序给出的结果为 748,可见矩阵的条件数较大,方程组的性态不好.

(2) • 如果采用 2 位十进制进行计算,同样给出一段 **Mathematica 代码**:

```
A={{1,0.5,0.33},{0.5,0.33,0.25},{0.33,0.25,0.20}}
b={1.8,1.1,0.78}
x=LinearSolve[A,b]
```

• 程序给出的结果为 $x_1=6.22222, x_2=38.254, x_3=-33.6508$.

• 可见数值解和精确解有着**非常大的差别.**

注　请按照本题的要求,自行尝试 4 阶 Hilbert 矩阵和 5 阶 Hilbert 矩阵对应的线性方程组.

例 18　在 4 位十进制系统中求解线性方程组 $\begin{bmatrix}1 & 10^4\\1 & 1\end{bmatrix}\begin{bmatrix}x_1\\x_2\end{bmatrix}=\begin{bmatrix}10^4\\2\end{bmatrix}$.

提示　由 $\boldsymbol{A}=\begin{bmatrix}1 & 10^4\\1 & 1\end{bmatrix}$, $\boldsymbol{A}^{-1}=\dfrac{1}{10^4-1}\begin{bmatrix}-1 & 10^4\\1 & -1\end{bmatrix}$,可得

$$\operatorname{cond}(\boldsymbol{A})_\infty=\frac{(10^4+1)^2}{10^4-1}\approx 10^4,$$

因此方程组是病态的.

解　考虑到线性方程组是病态的,如果直接采用高斯消去法,则

$$\begin{bmatrix}1 & 10^4 & 10^4\\1 & 1 & 2\end{bmatrix}\to\begin{bmatrix}1 & 10^4 & 10^4\\0 & -10^4+1 & -10^4+2\end{bmatrix}\to\begin{bmatrix}1 & 10^4 & 10^4\\0 & -10^4 & -10^4\end{bmatrix},$$

由此得到 $x_2=1, x_1=0$. 而方程组的精确解应该为 $x_1=1, x_2=1$ 才对.

考虑到这里出现了大数吃小数,因此将方程组变为

$$\begin{bmatrix}1 & 1\\10^{-4} & 1\end{bmatrix}\begin{bmatrix}x_1\\x_2\end{bmatrix}=\begin{bmatrix}2\\1\end{bmatrix}.$$

此时

$$\boldsymbol{B}=\begin{bmatrix}1 & 1\\10^{-4} & 1\end{bmatrix},\ \boldsymbol{B}^{-1}=\frac{1}{1-10^{-4}}\begin{bmatrix}1 & -1\\-10^{-4} & 1\end{bmatrix},\ \operatorname{cond}(\boldsymbol{B})_\infty=\frac{4}{1-10^{-4}}\approx 4,$$

因此该系统是良态的. 用高斯消去法求解如下:

$$\begin{bmatrix}1 & 1 & 2\\10^{-4} & 1 & 1\end{bmatrix}\to\begin{bmatrix}1 & 1 & 2\\0 & 1-10^{-4} & 1-2\cdot 10^{-4}\end{bmatrix}\to\begin{bmatrix}1 & 1 & 2\\0 & 1 & 1\end{bmatrix},$$

解得 $x_2=1, x_1=1$.

例 19 用 Jacobi 迭代格式求解线性方程组

$$\begin{bmatrix}20 & 2 & 3\\ 1 & 8 & 1\\ 2 & -3 & 15\end{bmatrix}\begin{bmatrix}x_1\\ x_2\\ x_3\end{bmatrix}=\begin{bmatrix}24\\ 12\\ 30\end{bmatrix},$$

并判断敛散性. 如果收敛,取初值 $\boldsymbol{x}^{(0)}=(0,0,0)^{\mathrm{T}}$,需要多少次迭代才能使误差不超过 10^{-6}?

解 Jacobi 迭代格式为

$$\begin{cases}x_1^{(k+1)}=\dfrac{6}{5}-\dfrac{x_2^{(k)}}{10}-\dfrac{3x_3^{(k)}}{20},\\ x_2^{(k+1)}=\dfrac{3}{2}-\dfrac{x_1^{(k)}}{8}-\dfrac{x_3^{(k)}}{8},\\ x_3^{(k+1)}=2-\dfrac{2x_1^{(k)}}{15}+\dfrac{x_2^{(k)}}{5},\end{cases}$$

则迭代矩阵为

$$\boldsymbol{G}=\begin{bmatrix}0 & -\dfrac{1}{10} & -\dfrac{3}{20}\\ -\dfrac{1}{8} & 0 & -\dfrac{1}{8}\\ -\dfrac{2}{15} & \dfrac{1}{5} & 0\end{bmatrix}.$$

因为 $\|\boldsymbol{G}\|_\infty=\dfrac{1}{3}<1$,所以迭代格式收敛.

迭代一次得到 $\boldsymbol{x}^{(1)}=(1.2,\ 1.5,2)^{\mathrm{T}}$,取 $q=\dfrac{1}{3}$,要使误差不超过 10^{-6},则

$$\frac{\dfrac{1}{3^k}}{1-\dfrac{1}{3}}\|\boldsymbol{x}^{(1)}-\boldsymbol{x}^{(0)}\|_\infty\leqslant 10^{-6}\Rightarrow k\geqslant 13.5754,$$

即至少需要迭代 14 次.

注 若只判断格式的敛散性,也可以直接用矩阵是**严格对角占优**的来说明.

例 20 用 Gauss-Seidel 迭代格式求解线性方程组

$$\begin{bmatrix}20 & 2 & 3\\ 1 & 8 & 3\\ 2 & -3 & 15\end{bmatrix}\begin{bmatrix}x_1\\ x_2\\ x_3\end{bmatrix}=\begin{bmatrix}24\\ 12\\ 30\end{bmatrix}$$

并判断敛散性.

解　Gauss-Seidel 迭代格式为

$$\begin{cases} x_1^{(k+1)}=\dfrac{6}{5}-\dfrac{x_2^{(k)}}{10}-\dfrac{3x_3^{(k)}}{20}, \\ x_2^{(k+1)}=\dfrac{3}{2}-\dfrac{x_1^{(k+1)}}{8}-\dfrac{3x_3^{(k)}}{8}, \\ x_3^{(k+1)}=2-\dfrac{2x_1^{(k+1)}}{15}+\dfrac{x_2^{(k+1)}}{5}. \end{cases}$$

本题仅需要判断敛散性,可以直接采用矩阵是**严格对角占优**的来说明. 也可以写出特征方程,即

$$\begin{vmatrix} 20\lambda & 2 & 3 \\ \lambda & 8\lambda & 3 \\ 2\lambda & -3\lambda & 15\lambda \end{vmatrix}=0 \Rightarrow 12\lambda+93\lambda^2+2400\lambda^3=0,$$

则 $\rho(\boldsymbol{G})=\dfrac{\sqrt{2}}{20}<1$,所以迭代格式收敛.

例 21　给定矩阵 $\boldsymbol{A}=\begin{bmatrix} 1 & a & a \\ a & 1 & a \\ a & a & 1 \end{bmatrix}$,证明:当且仅当 $2|a|<1$ 时,线性方程组 $\boldsymbol{Ax}=\boldsymbol{b}$ 的 Jacobi 迭代收敛.

证明　Jacobi 迭代的特征方程为

$$\begin{vmatrix} \lambda & a & a \\ a & \lambda & a \\ a & a & \lambda \end{vmatrix}=0, \quad 即 \quad (\lambda+2a)(\lambda-a)^2=0,$$

则 $\rho(\boldsymbol{G})=2|a|$,从而可得结论.

例 22　给定线性方程组

$$\begin{bmatrix} -1 & 8 & 0 \\ -1 & 0 & 9 \\ 9 & -1 & -1 \end{bmatrix}\begin{bmatrix} x_1 \\ x_2 \\ x_3 \end{bmatrix}=\begin{bmatrix} 7 \\ 8 \\ 7 \end{bmatrix},$$

怎样改变方程的顺序能使 Jacobi 迭代格式和 Gauss-Seidel 迭代格式均收敛?

提示　考虑矩阵严格对角占优的情况.

解　方程组改写为

$$\begin{bmatrix} 9 & -1 & -1 \\ -1 & 8 & 0 \\ -1 & 0 & 9 \end{bmatrix}\begin{bmatrix} x_1 \\ x_2 \\ x_3 \end{bmatrix}=\begin{bmatrix} 7 \\ 7 \\ 8 \end{bmatrix},$$

此时矩阵为严格对角占优矩阵,所以 Jacobi 迭代格式和 Gauss-Seidel 迭代格式均收敛.

例 23 对线性方程组

$$\begin{bmatrix}3 & 2\\1 & 2\end{bmatrix}\begin{bmatrix}x_1\\x_2\end{bmatrix}=\begin{bmatrix}2019\\2020\end{bmatrix},$$

若使用迭代格式

$$\boldsymbol{x}^{(k+1)}=\boldsymbol{x}^{(k)}+\alpha(\boldsymbol{b}-\boldsymbol{A}\boldsymbol{x}^{(k)}),\quad k=0,1,\cdots$$

求解,问 α 在什么范围内取值可以使迭代收敛并且什么时候收敛速度最快?

解 首先得到迭代矩阵

$$\boldsymbol{G}=\boldsymbol{I}-\alpha\boldsymbol{A}=\begin{bmatrix}1-3\alpha & -2\alpha\\-\alpha & 1-2\alpha\end{bmatrix},$$

其特征方程为

$$\begin{vmatrix}\lambda-(1-3\alpha) & 2\alpha\\ \alpha & \lambda-(1-2\alpha)\end{vmatrix}=0\Rightarrow(\lambda-(1-\alpha))(\lambda-(1-4\alpha))=0,$$

因此

$$\rho(\boldsymbol{G})=\max\{|1-\alpha|,|1-4\alpha|\}=\begin{cases}1-4\alpha, & \alpha\leqslant 0,\\1-\alpha, & 0<\alpha<\dfrac{2}{5},\\4\alpha-1, & \alpha\geqslant\dfrac{2}{5}.\end{cases}$$

迭代格式收敛当且仅当 $\rho(\boldsymbol{G})<1$,因此 $0<\alpha<\dfrac{1}{2}$.

又当 $\alpha=\dfrac{2}{5}$ 时 $\rho(\boldsymbol{G})$ 最小,此时迭代格式收敛最快.

注 (1) 事实上,有 $\lambda_G=1-\alpha\lambda_A$,这样计算特征值更为方便一些.

(2) 如果只保证收敛性,可以直接令

$$-1<1-\alpha<1,\quad -1<1-4\alpha<1.$$

例 24 对线性方程组

$$\begin{bmatrix}a_{11} & a_{12}\\a_{21} & a_{22}\end{bmatrix}\begin{bmatrix}x_1\\x_2\end{bmatrix}=\begin{bmatrix}b_1\\b_2\end{bmatrix},$$

证明:用 Jacobi 迭代格式和 Gauss-Seidel 迭代格式求解时二者同时收敛或发散.

证明 Jacobi 迭代格式的特征方程为

$$\begin{vmatrix}\lambda a_{11} & a_{12}\\a_{21} & \lambda a_{22}\end{vmatrix}=0\Rightarrow\lambda^2=\frac{a_{12}a_{21}}{a_{11}a_{22}},$$

Gauss-Seidel 迭代格式的特征方程为

$$\begin{vmatrix}\lambda a_{11} & a_{12}\\ \lambda a_{21} & \lambda a_{22}\end{vmatrix}=0\Rightarrow\lambda_1=\frac{a_{12}a_{21}}{a_{11}a_{22}},\ \lambda_2=0,$$

因此

$$\rho(\boldsymbol{G}_{\mathrm{J}})=\sqrt{\left|\frac{a_{12}a_{21}}{a_{11}a_{22}}\right|},\quad \rho(\boldsymbol{G}_{\mathrm{GS}})=\left|\frac{a_{12}a_{21}}{a_{11}a_{22}}\right|.$$

因为二者同时大于 1 或小于 1，所以 Jacobi 迭代格式和 Gauss-Seidel 迭代格式同时收敛或发散.

注　仅 2 阶矩阵时会出现这样的情况，更高阶矩阵时情况并非如此.

例 25　给定线性方程组

$$\begin{bmatrix} a & c & 0 \\ c & b & a \\ 0 & a & c \end{bmatrix}\begin{bmatrix} x_1 \\ x_2 \\ x_3 \end{bmatrix}=\begin{bmatrix} d_1 \\ d_2 \\ d_3 \end{bmatrix},$$

写出它的 Gauss-Seidel 迭代格式并分析格式的收敛性.

解　Gauss-Seidel 迭代格式为

$$\begin{cases} x_1^{(k+1)}=\dfrac{d_1}{a}-\dfrac{cx_2^{(k)}}{a}, \\ x_2^{(k+1)}=\dfrac{d_2}{b}-\dfrac{cx_1^{(k+1)}}{b}-\dfrac{ax_3^{(k)}}{b}, \\ x_3^{(k+1)}=\dfrac{d_3}{c}-\dfrac{ax_2^{(k+1)}}{c}. \end{cases}$$

Gauss-Seidel 迭代格式的特征方程为

$$\begin{vmatrix} a\lambda & c & 0 \\ c\lambda & b\lambda & a \\ 0 & a\lambda & c\lambda \end{vmatrix}=0 \Rightarrow \lambda_{1,2}=0,\ \lambda_3=\frac{a^3+c^3}{abc},$$

因此当 $\rho(\boldsymbol{G})=\left|\dfrac{a^3+c^3}{abc}\right|<1$ 时，迭代格式收敛.

例 26　设 $\boldsymbol{A}=\begin{bmatrix} 10 & a & 0 \\ b & 10 & b \\ 0 & a & 5 \end{bmatrix}$，给出用 Jacobi 和 Gauss-Seidel 迭代求解 $\boldsymbol{Ax}=\boldsymbol{b}$ 时格式收敛的充要条件.

解　Jacobi 迭代的特征方程为

$$\begin{vmatrix} 10\lambda & a & 0 \\ b & 10\lambda & b \\ 0 & a & 5\lambda \end{vmatrix}=0 \Rightarrow \lambda\left(\lambda^2-\frac{3ab}{100}\right)=0,$$

因此 Jacobi 迭代格式收敛当且仅当 $\dfrac{3|ab|}{100}<1$，即 $3|ab|<100$.

Gauss-Seidel 迭代的特征方程为

$$\begin{vmatrix} 10\lambda & a & 0 \\ \lambda b & 10\lambda & b \\ 0 & \lambda a & 5\lambda \end{vmatrix} = 0 \Rightarrow \lambda^2\left(\lambda - \frac{3ab}{100}\right) = 0,$$

因此 Gauss-Seidel 迭代格式收敛当且仅当 $\frac{3\mid ab\mid}{100} < 1$，即 $3\mid ab\mid < 100$.

例 27 已知方程组 $\boldsymbol{Ax} = \boldsymbol{b}$ 的定常迭代格式 $\boldsymbol{x}^{(k+1)} = \boldsymbol{Gx}^{(k)} + \boldsymbol{c}$ 收敛，试证明：当 $w \in (0,1)$ 时，迭代格式 $\boldsymbol{x}^{(k+1)} = (1-w)\boldsymbol{x}^{(k)} + w\boldsymbol{Gx}^{(k)} + \boldsymbol{c}$ 收敛.

提示 本题考查定常迭代格式收敛的充要条件.

证明 令 $\boldsymbol{G}_{\text{new}} = (1-w)\boldsymbol{I} + w\boldsymbol{G}$. 设 $\boldsymbol{G}$ 的一个特征值为 λ，则 $\boldsymbol{G}_{\text{new}}$ 对应的特征值为 $(1-w)+w\lambda$. 因为

$$\begin{aligned} \mid (1-w)+w\lambda \mid &\leqslant (1-w) + w\mid \lambda \mid \leqslant 1 - w + w\rho(\boldsymbol{G}) \\ &< 1 - w + w = 1, \end{aligned}$$

所以 $\rho(\boldsymbol{G}_{\text{new}}) < 1$，则迭代格式收敛.

例 28 设 $\boldsymbol{A}$ 为正交矩阵，且 $\boldsymbol{B} = 2\boldsymbol{I} - \boldsymbol{A}$，证明：用 Gauss-Seidel 迭代法求解方程组 $\boldsymbol{B}^{\mathrm{T}}\boldsymbol{Bx} = \boldsymbol{b}$ 时必定收敛.

证明 因为 $\boldsymbol{B}^{\mathrm{T}}\boldsymbol{B}$ 是对称阵，所以只要验证 $\boldsymbol{B}$ 非奇异即可. 设

$$\boldsymbol{Ax} = \lambda\boldsymbol{x} \quad (\boldsymbol{x} \neq \boldsymbol{0}),$$

则

$$\boldsymbol{x}^{\mathrm{T}}\boldsymbol{A}^{\mathrm{T}} = \lambda\boldsymbol{x}^{\mathrm{T}} \Rightarrow \boldsymbol{x}^{\mathrm{T}}\boldsymbol{A}^{\mathrm{T}}\boldsymbol{Ax} = \lambda^2\boldsymbol{x}^{\mathrm{T}}\boldsymbol{x},$$

得到 $\lambda^2 = 1$，从而 $\boldsymbol{B}$ 对应的特征值为 $2-\lambda \neq 0$，因此 $\boldsymbol{B}$ 可逆.

3.4 教材习题解析

1. 用高斯消去法求解

$$\begin{bmatrix} 2 & -1 & 3 \\ 4 & 2 & 5 \\ 1 & 2 & 0 \end{bmatrix} \begin{bmatrix} x_1 \\ x_2 \\ x_3 \end{bmatrix} = \begin{bmatrix} 1 \\ 4 \\ 7 \end{bmatrix},$$

并写出对应矩阵 LU 分解的 $\boldsymbol{L}$ 和 $\boldsymbol{U}$.

解 增广矩阵为

$$\begin{bmatrix} 2 & -1 & 3 & 1 \\ 4 & 2 & 5 & 4 \\ 1 & 2 & 0 & 7 \end{bmatrix}.$$

消去过程如下：

$$\begin{bmatrix} 2 & -1 & 3 & 1 \\ 4 & 2 & 5 & 4 \\ 1 & 2 & 0 & 7 \end{bmatrix} \rightarrow \begin{bmatrix} 2 & -1 & 3 & 1 \\ 2 & 4 & -1 & 2 \\ \frac{1}{2} & \frac{5}{2} & -\frac{3}{2} & \frac{13}{2} \end{bmatrix} \rightarrow \begin{bmatrix} 2 & -1 & 3 & 1 \\ 2 & 4 & -1 & 2 \\ \frac{1}{2} & \frac{5}{8} & -\frac{7}{8} & \frac{21}{4} \end{bmatrix},$$

得到线性方程组

$$\begin{bmatrix}2 & -1 & 3\\ 0 & 4 & -1\\ 0 & 0 & -\frac{7}{8}\end{bmatrix}\begin{bmatrix}x_1\\ x_2\\ x_3\end{bmatrix}=\begin{bmatrix}1\\ 2\\ \frac{21}{4}\end{bmatrix},$$

解得 $x_3=-6, x_2=-1, x_1=9$，且矩阵 $\boldsymbol{A}$ 的 LU 分解为

$$\boldsymbol{L}=\begin{bmatrix}1 & 0 & 0\\ 2 & 1 & 0\\ \frac{1}{2} & \frac{5}{8} & 1\end{bmatrix},\quad \boldsymbol{U}=\begin{bmatrix}2 & -1 & 3\\ 0 & 4 & -1\\ 0 & 0 & \frac{-7}{8}\end{bmatrix}.$$

2. 用列主元高斯消去法求解

$$\begin{bmatrix}4 & 3 & 2\\ 6 & -3 & -1\\ 2 & 6 & 7\end{bmatrix}\begin{bmatrix}x_1\\ x_2\\ x_3\end{bmatrix}=\begin{bmatrix}2\\ 7\\ -5\end{bmatrix}.$$

解　因为

$$\begin{bmatrix}4 & 3 & 2 & 2\\ 6 & -3 & -1 & 7\\ 2 & 6 & 7 & -5\end{bmatrix}\to\begin{bmatrix}6 & -3 & -1 & 7\\ 4 & 3 & 2 & 2\\ 2 & 6 & 7 & -5\end{bmatrix}$$

$$\to\begin{bmatrix}6 & -3 & -1 & 7\\ 0 & 5 & \frac{8}{3} & -\frac{8}{3}\\ 0 & 7 & \frac{22}{3} & -\frac{22}{3}\end{bmatrix}\to\begin{bmatrix}6 & -3 & -1 & 7\\ 0 & 7 & \frac{22}{3} & -\frac{22}{3}\\ 0 & 5 & \frac{8}{3} & -\frac{8}{3}\end{bmatrix}$$

$$\to\begin{bmatrix}6 & -3 & -1 & 7\\ 0 & 7 & \frac{22}{3} & -\frac{22}{3}\\ 0 & 0 & -\frac{18}{7} & \frac{18}{7}\end{bmatrix},$$

得到线性方程组

$$\begin{bmatrix}6 & -3 & -1\\ 0 & 7 & \frac{22}{3}\\ 0 & 0 & -\frac{18}{7}\end{bmatrix}\begin{bmatrix}x_1\\ x_2\\ x_3\end{bmatrix}=\begin{bmatrix}7\\ -\frac{22}{3}\\ \frac{18}{7}\end{bmatrix},$$

解得 $x_3=-1, x_2=0, x_1=1$.

3. 写出线性系统对应矩阵 PLU 分解的 $\boldsymbol{P}$, $\boldsymbol{L}$, $\boldsymbol{U}$ 矩阵并求解

$$\begin{bmatrix}1&0&1\\2&-1&0\\-1&2&1\end{bmatrix}\begin{bmatrix}x_1\\x_2\\x_3\end{bmatrix}=\begin{bmatrix}4\\-2\\4\end{bmatrix}.$$

解 初始指标集为 plist$=\{1,2,3\}$. 列主元高斯消去法求解过程如下:

$$\begin{bmatrix}1&0&1&4\\2&-1&0&-2\\-1&2&1&4\end{bmatrix}\xrightarrow{\text{plist}=\{2,1,3\}}\begin{bmatrix}2&-1&0&-2\\1&0&1&4\\-1&2&1&4\end{bmatrix}$$

$$\rightarrow\begin{bmatrix}2&-1&0&-2\\\frac{1}{2}&\frac{1}{2}&1&5\\-\frac{1}{2}&\frac{3}{2}&1&3\end{bmatrix}\xrightarrow{\text{plist}=\{2,3,1\}}\begin{bmatrix}2&-1&0&-2\\-\frac{1}{2}&\frac{3}{2}&1&3\\\frac{1}{2}&\frac{1}{2}&1&5\end{bmatrix}$$

$$\rightarrow\begin{bmatrix}2&-1&0&-2\\-\frac{1}{2}&\frac{3}{2}&1&3\\\frac{1}{2}&\frac{1}{3}&\frac{2}{3}&4\end{bmatrix},$$

从而最终的线性系统为

$$\begin{bmatrix}2&-1&0\\0&\frac{3}{2}&1\\0&0&\frac{2}{3}\end{bmatrix}\begin{bmatrix}x_1\\x_2\\x_3\end{bmatrix}=\begin{bmatrix}-2\\3\\4\end{bmatrix},$$

解得 $x_1=-2, x_2=-2, x_3=6$, 并且矩阵的 PLU 分解为

$$\boldsymbol{P}=\begin{bmatrix}0&1&0\\0&0&1\\1&0&0\end{bmatrix},\quad \boldsymbol{L}=\begin{bmatrix}1&0&0\\-\frac{1}{2}&1&0\\\frac{1}{2}&\frac{1}{3}&1\end{bmatrix},\quad \boldsymbol{U}=\begin{bmatrix}2&-1&0\\0&\frac{3}{2}&1\\0&0&\frac{2}{3}\end{bmatrix}.$$

注 也可以尝试通过求解 $\boldsymbol{LUx}=\boldsymbol{Pb}$ 得到 $\boldsymbol{x}$.

4. 写出线性系统对应矩阵 PLU 分解的 $\boldsymbol{P}$, $\boldsymbol{L}$, $\boldsymbol{U}$ 矩阵并求解

$$\begin{bmatrix}1&2&3&0\\2&1&2&3\\0&2&1&2\\0&0&2&1\end{bmatrix}\begin{bmatrix}x_1\\x_2\\x_3\\x_4\end{bmatrix}=\begin{bmatrix}0\\-2\\-1\\-3\end{bmatrix}.$$

解　初始指标集为 plist＝{1,2,3,4}. 列主元高斯消去法求解过程如下：

$$\begin{bmatrix}1&2&3&0&0\\2&1&2&3&-2\\0&2&1&2&-1\\0&0&2&1&-3\end{bmatrix}\xrightarrow{\text{plist}=\{2,1,3,4\}}\begin{bmatrix}2&1&2&3&-2\\1&2&3&0&0\\0&2&1&2&-1\\0&0&2&1&-3\end{bmatrix}$$

$$\to\begin{bmatrix}2&1&2&3&-2\\\frac{1}{2}&\frac{3}{2}&2&-\frac{3}{2}&1\\0&2&1&2&-1\\0&0&2&1&-3\end{bmatrix}\xrightarrow{\text{plist}=\{2,3,1,4\}}\begin{bmatrix}2&1&2&3&-2\\0&2&1&2&-1\\\frac{1}{2}&\frac{3}{2}&2&-\frac{3}{2}&1\\0&0&2&1&-3\end{bmatrix}$$

$$\to\begin{bmatrix}2&1&2&3&-2\\0&2&1&2&-1\\\frac{1}{2}&\frac{3}{4}&\frac{5}{4}&-3&\frac{7}{4}\\0&0&2&1&-3\end{bmatrix}\xrightarrow{\text{plist}=\{2,3,4,1\}}\begin{bmatrix}2&1&2&3&-2\\0&2&1&2&-1\\0&0&2&1&-3\\\frac{1}{2}&\frac{3}{4}&\frac{5}{4}&-3&\frac{7}{4}\end{bmatrix}$$

$$\to\begin{bmatrix}2&1&2&3&-2\\0&2&1&2&-1\\0&0&2&1&-3\\\frac{1}{2}&\frac{3}{4}&\frac{5}{8}&-\frac{29}{8}&\frac{29}{8}\end{bmatrix},$$

从而最终的线性系统为

$$\begin{bmatrix}2&1&2&3\\0&2&1&2\\0&0&2&1\\0&0&0&-\frac{29}{8}\end{bmatrix}\begin{bmatrix}x_1\\x_2\\x_3\\x_4\end{bmatrix}=\begin{bmatrix}-2\\-1\\-3\\\frac{29}{8}\end{bmatrix},$$

解得 $x_4=-1, x_3=-1, x_2=1, x_1=1$，并且矩阵的 PLU 分解为

$$\boldsymbol{P}=\begin{bmatrix}0&1&0&0\\0&0&1&0\\0&0&0&1\\1&0&0&0\end{bmatrix},\quad \boldsymbol{L}=\begin{bmatrix}1&0&0&0\\0&1&0&0\\0&0&1&0\\\frac{1}{2}&\frac{3}{4}&\frac{5}{8}&1\end{bmatrix},\quad \boldsymbol{U}=\begin{bmatrix}2&1&2&3\\0&2&1&2\\0&0&2&1\\0&0&0&-\frac{29}{8}\end{bmatrix}.$$

5. 给定严格对角占优矩阵

$$
\boldsymbol{A}=\begin{bmatrix} b_1 & c_1 & & & & \\ & b_2 & c_2 & & & \\ & & b_3 & c_3 & & \\ & & & \ddots & \ddots & \\ & & & & b_{n-1} & c_{n-1} \\ a_2 & a_3 & a_4 & \cdots & a_n & b_n \end{bmatrix},
$$

请根据矩阵特点设计一个计算其 LU 分解的算法,并给出 $\boldsymbol{L}$ 和 $\boldsymbol{U}$.

解 根据矩阵的特点,在求其 LU 分解时:

- 每次只需要消去一个元,且该元位于最后一行;
- 消去的同时要改变的元也位于最后一行.

比如,消去第一列时,令

$$
m_1=\frac{a_2}{b_1},\quad a_3=a_3-c_1m_1\quad (\text{其他保持不变}).
$$

后续的消去具有类似的特点. 因此,有如下算法:

$$
\begin{aligned}
&d_1=a_2,\\
&m_i=\frac{d_i}{b_i},\quad d_{i+1}=a_{i+2}-c_im_i,\quad i=1,2,\cdots,n-2,\\
&m_{n-1}=\frac{d_{n-1}}{b_{n-1}},\quad b_n=b_n-c_{n-1}m_{n-1}.
\end{aligned}
$$

该算法消去和更新的工作量都是 $O(n)$.

当计算完成以后,即可得到如下 LU 分解:

$$
\boldsymbol{L}=\begin{bmatrix} 1 & & & & \\ & 1 & & & \\ & & \ddots & & \\ & & & 1 & \\ m_1 & m_2 & \cdots & m_{n-1} & 1 \end{bmatrix},\quad \boldsymbol{U}=\begin{bmatrix} b_1 & c_1 & & & \\ & b_2 & c_2 & & \\ & & \ddots & \ddots & \\ & & & b_{n-1} & c_{n-1} \\ & & & & b_n \end{bmatrix}.
$$

6. 请画出 $\mathbf{R}^2$ 中 1- 范数,2- 范数和 ∞- 范数意义下的单位元.

解 在 $\mathbf{R}^2$ 中,1- 范数对应的单位元为

$$
|x|+|y|=1,
$$

2- 范数对应的单位元为

$$
x^2+y^2=1,
$$

∞- 范数对应的单位元为

$$
\max\{|x|,|y|\}=1,
$$

三者图形合并如下图所示：

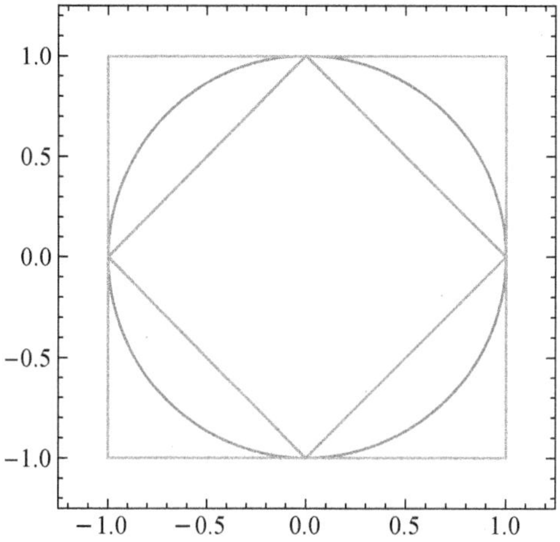

7. 设

$$A=\begin{bmatrix}3 & 1 & 1\\ -1 & 1 & 1\\ 1 & 2 & 1\end{bmatrix},\quad x=\begin{bmatrix}-1\\ 3\\ 2\end{bmatrix},$$

求$\|x\|_\infty$，$\|A\|_\infty$ 和$\|Ax\|_\infty$，并比较$\|Ax\|_\infty$ 与$\|A\|_\infty\cdot\|x\|_\infty$ 的大小.

解　首先计算得到 $Ax=(2,6,7)^T$，再根据计算公式即得

$$\|x\|_\infty=3,\quad \|A\|_\infty=5,\quad \|Ax\|_\infty=7,$$

进一步可得

$$\|A\|_\infty\cdot\|x\|_\infty=15>7=\|Ax\|_\infty.$$

8. 设

$$A=\begin{bmatrix}4 & 1 & 1\\ 1 & 4 & 1\\ 1 & 1 & 4\end{bmatrix},$$

计算$\|A\|_1$，$\|A\|_2$ 和 $\mathrm{cond}(A)_2$.

解　首先，根据计算公式可得

$$\|A\|_1=\max\{4+1+1,1+4+1,1+1+4\}=6.$$

其次，因为矩阵 A 是一个对称矩阵，由其特征方程

$$|\lambda I-A|=\lambda^3-12\lambda^2+45\lambda-54=(\lambda-6)(\lambda-3)^2=0,$$

可得特征值

$$\lambda_{\max}(A)=6,\quad \lambda_{\min}(A)=3,$$

所以

$$\|A\|_2=6,\quad \mathrm{cond}(A)_2=\frac{6}{3}=2.$$

9. 设

$$A_n=\begin{bmatrix}1 & 1\\ 1 & 1-\dfrac{1}{n}\end{bmatrix},$$

计算:(1) A_n^{-1};(2) $\mathrm{cond}(A)_\infty$;(3) $\lim\limits_{n\to\infty}\dfrac{\mathrm{cond}(A)_\infty}{n}$.

解 (1) 简单计算即得

$$A_n^{-1}=\begin{bmatrix}1-n & n\\ n & -n\end{bmatrix}.$$

(2) 由(1) 可得

$$\|A_n^{-1}\|_\infty=\max\{2n-1,2n\}=2n,$$

从而

$$\mathrm{cond}(A)_\infty=\max\left\{2,2-\frac{1}{n}\right\}\cdot 2n=4n.$$

(3) 由(2) 可得

$$\lim_{n\to\infty}\frac{\mathrm{cond}(A)_\infty}{n}=4.$$

10. 设

$$A=\begin{bmatrix}2.0001 & -1\\ -2 & 1\end{bmatrix},\quad b=\begin{bmatrix}7.0003\\ -7\end{bmatrix},$$

且已知 $Ax=b$ 的精确解为 $x=\begin{bmatrix}3\\ -1\end{bmatrix}$.

(1) 计算 $\mathrm{cond}(A)_\infty$;

(2) 取 $y=\begin{bmatrix}2.91\\ -1.01\end{bmatrix}$,计算 $r_y=b-Ay$;

(3) 取 $z=\begin{bmatrix}2\\ -3\end{bmatrix}$,计算 $r_z=b-Az$;

(4) 计算 $\|y-x\|_\infty$ 和 $\|z-x\|_\infty$;

(5) 比较所有计算结果,解释事情发生的原因.

解 (1) 简单计算即得

$$A^{-1}=10^4\begin{bmatrix}1 & 1\\ 2 & 2.0001\end{bmatrix},$$

从而

$$\mathrm{cond}(A)_\infty=3.0001\times 4.0001\times 10^4\approx 1.2\times 10^5.$$

(2) 由 $r_y=b-Ay$,可得

$$\boldsymbol{r}_y=\begin{bmatrix}7.0003\\-7\end{bmatrix}-\begin{bmatrix}2.0001 & -1\\-2 & 1\end{bmatrix}\begin{bmatrix}2.91\\-1.01\end{bmatrix}$$

$$=\begin{bmatrix}0.17\\-0.17\end{bmatrix}.$$

(3) 由 $\boldsymbol{r}_z=\boldsymbol{b}-\boldsymbol{A}\boldsymbol{z}$，可得

$$\boldsymbol{r}_z=\begin{bmatrix}7.0003\\-7\end{bmatrix}-\begin{bmatrix}2.0001 & -1\\-2 & 1\end{bmatrix}\begin{bmatrix}2\\-3\end{bmatrix}$$

$$=\begin{bmatrix}10^{-4}\\0\end{bmatrix}.$$

(4) 因为

$$\boldsymbol{y}-\boldsymbol{x}=\begin{bmatrix}-0.09\\-0.01\end{bmatrix},\quad \boldsymbol{z}-\boldsymbol{x}=\begin{bmatrix}-1\\-2\end{bmatrix},$$

所以

$$\|\boldsymbol{y}-\boldsymbol{x}\|_\infty=0.09,\quad \|\boldsymbol{z}-\boldsymbol{x}\|_\infty=2.$$

(5) 当矩阵 $\boldsymbol{A}$ 的条件数比较大时，余量和解的误差之间并没有一致性，小的余量并不意味着解小的误差. 即使计算相对余量 $\dfrac{\|\boldsymbol{r}\|}{\|\boldsymbol{A}\|\cdot\|\boldsymbol{x}\|}$，结果也是类似的.

3.5　补充练习

1. 用列主元高斯消去法求解

$$\begin{bmatrix}1 & 2 & 3\\0 & 1 & 2\\2 & 4 & 1\end{bmatrix}\begin{bmatrix}x_1\\x_2\\x_3\end{bmatrix}=\begin{bmatrix}14\\8\\13\end{bmatrix}.$$

提示　答案为 $x_1=1, x_2=2, x_3=3$.

2. 用追赶法求解

$$\begin{bmatrix}2 & -1 & & \\-1 & 3 & -2 & \\ & -2 & 4 & -3\\ & & -3 & 5\end{bmatrix}\begin{bmatrix}x_1\\x_2\\x_3\\x_4\end{bmatrix}=\begin{bmatrix}6\\1\\-2\\1\end{bmatrix}.$$

提示　答案为 $x_1=5, x_2=4, x_3=3, x_4=2$.

3. 分析线性方程组

$$\begin{bmatrix}7.6 & 10\\5.0 & 6.6\end{bmatrix}\begin{bmatrix}x_1\\x_2\end{bmatrix}=\begin{bmatrix}25\\16.5\end{bmatrix}$$

是否病态.

提示　条件数 $\mathrm{cond}(\boldsymbol{A})_1=1826\gg 1$.

4. 设线性方程组 $\boldsymbol{Ax}=\boldsymbol{b}$ 为

$$\begin{bmatrix}1.000 & 1.001\\ 1.000 & 1.000\end{bmatrix}\begin{bmatrix}x_1\\ x_2\end{bmatrix}=\begin{bmatrix}2.001\\ 2.000\end{bmatrix}.$$

若给 $\boldsymbol{b}$ 一扰动

$$\Delta\boldsymbol{b}=\begin{bmatrix}-0.001\\ 0\end{bmatrix},$$

试估计解 $\boldsymbol{x}$ 的相对误差.

提示　条件数 $\mathrm{cond}(\boldsymbol{A})_\infty\approx 4004\gg 1$,原解为(1,1),扰动后的解为(2,0),相对误差为100%.

5. 用Jacobi迭代格式求解线性方程组

$$\begin{bmatrix}3 & -1 & 1\\ 3 & 6 & 2\\ 1 & 1 & 7\end{bmatrix}\begin{bmatrix}x_1\\ x_2\\ x_3\end{bmatrix}=\begin{bmatrix}1\\ 0\\ 4\end{bmatrix},$$

要求写出格式并判断敛散性. 若收敛,取初值 $\boldsymbol{x}^{(0)}=(0,0,0)^{\mathrm{T}}$,需要迭代多少次才能使误差不超过 10^{-4}?

解　Jacobi迭代格式为

$$\begin{cases}x_1^{(k+1)}=\dfrac{1}{3}+\dfrac{x_2^{(k)}}{3}-\dfrac{x_3^{(k)}}{3},\\ x_2^{(k+1)}=-\dfrac{x_1^{(k)}}{2}-\dfrac{x_3^{(k)}}{3},\\ x_3^{(k+1)}=\dfrac{4}{7}-\dfrac{x_1^{(k)}}{7}-\dfrac{x_2^{(k)}}{7},\end{cases}$$

由此可得迭代矩阵为

$$\boldsymbol{G}=\begin{bmatrix}0 & \dfrac{1}{3} & -\dfrac{1}{3}\\ -\dfrac{1}{2} & 0 & -\dfrac{1}{3}\\ -\dfrac{1}{7} & -\dfrac{1}{7} & 0\end{bmatrix}.$$

因为 $\|\boldsymbol{G}\|_\infty=\dfrac{5}{6}<1$,所以迭代格式收敛.

迭代一次得到 $\boldsymbol{x}^{(1)}=\left(\dfrac{1}{3},\ 0,\dfrac{4}{7}\right)^{\mathrm{T}}$. 取 $q=\dfrac{5}{6}$,要使误差不超过 10^{-4},则

$$\frac{\left(\frac{5}{6}\right)^k}{1-\frac{5}{6}}\|\boldsymbol{x}^{(1)}-\boldsymbol{x}^{(0)}\|_\infty \leqslant 10^{-4} \Rightarrow k \geqslant 57.2751,$$

因此至少需要迭代 58 次.

6. 给定线性方程组

$$\begin{bmatrix} 1 & 8 & 1 \\ 2 & -3 & 15 \\ 20 & 2 & 3 \end{bmatrix}\begin{bmatrix} x_1 \\ x_2 \\ x_3 \end{bmatrix}=\begin{bmatrix} 12 \\ 30 \\ 24 \end{bmatrix},$$

怎样改变方程的顺序能使 Jacobi 迭代格式和 Gauss-Seidel 迭代格式均收敛?

解　将线性方程组改为

$$\begin{bmatrix} 20 & 2 & 3 \\ 1 & 8 & 1 \\ 2 & -3 & 15 \end{bmatrix}\begin{bmatrix} x_1 \\ x_2 \\ x_3 \end{bmatrix}=\begin{bmatrix} 24 \\ 12 \\ 30 \end{bmatrix},$$

此时矩阵为严格对角占优矩阵.

7. 给定线性方程组

$$\begin{bmatrix} 1 & 2 & -2 \\ 1 & 1 & 1 \\ 2 & 2 & 1 \end{bmatrix}\begin{bmatrix} x_1 \\ x_2 \\ x_3 \end{bmatrix}=\begin{bmatrix} 1 \\ 1 \\ 1 \end{bmatrix},$$

写出求解它的 Jacobi 迭代格式和 Gauss-Seidel 迭代格式,并判断敛散性.

解　Jacobi 迭代格式为

$$\begin{cases} x_1^{(k+1)}=1-2x_2^{(k)}+2x_3^{(k)}, \\ x_2^{(k+1)}=1-x_1^{(k)}-x_3^{(k)}, \\ x_3^{(k+1)}=1-2x_1^{(k)}-2x_2^{(k)}. \end{cases}$$

因为

$$\begin{vmatrix} \lambda & 2 & -2 \\ 1 & \lambda & 1 \\ 2 & 2 & \lambda \end{vmatrix}=0 \Rightarrow \lambda^3=0,$$

可得 $\rho(\boldsymbol{G}_J)=0<1$,所以 Jacobi 迭代格式收敛.

Gauss-Seidel 迭代格式为

$$\begin{cases} x_1^{(k+1)}=1-2x_2^{(k)}+2x_3^{(k)}, \\ x_2^{(k+1)}=1-x_1^{(k+1)}-x_3^{(k)}, \\ x_3^{(k+1)}=1-2x_1^{(k+1)}-2x_2^{(k+1)}. \end{cases}$$

因为

$$\begin{vmatrix} \lambda & 2 & -2 \\ \lambda & \lambda & 1 \\ 2\lambda & 2\lambda & \lambda \end{vmatrix} = 0 \Rightarrow \lambda^3 - 4\lambda^2 + 4\lambda = 0,$$

可得 $\rho(\boldsymbol{G}_{GS}) = 2 > 1$,所以 Gauss-Seidel 迭代格式发散.

8. 设线性方程组 $\boldsymbol{Ax} = \boldsymbol{b}$ 的系数矩阵

$$\boldsymbol{A} = \begin{bmatrix} a & 1 & 3 \\ 1 & a & 2 \\ -3 & 2 & a \end{bmatrix},$$

试分析求解它时 Jacobi 迭代格式收敛的条件.

提示 因为 $\rho(\boldsymbol{G}) = \dfrac{2}{|a|}$,所以当 $|a| > 2$ 时,Jacobi 迭代格式收敛.

第 4 章　插值与逼近

4.1　内容提要

4.1.1　插值问题

1. **插值和逼近**是两种重要的技术手段，它们在**数值方法的理论推导与分析**以及**实际应用**中都有着重要的地位.

2. 函数插值的一般定义.

定义 4.1　给定一组点$\{x_i, y_i\}(i=0,1,\cdots,n)$，并且$x_0<x_1<\cdots<x_n$，若函数$f(x)$使得

$$f(x_i)=y_i \quad (i=0,1,\cdots,n)$$

成立，则$y=f(x)$就是数据点的**一个插值函数**，求$y=f(x)$的过程称为**函数插值**.

注　这个定义是非常粗糙的，**它仅仅表述了函数插值是一个怎样的操作**. 按此定义，插值函数必然有无穷多个.

3. 一般来说，**通过插值可以实现以下目标**：

- 画一条通过给定数据点的连续曲线；
- 计算列表型函数的中间值；
- 求列表型函数的“导数”或者“积分”值；
- 快速方便地求出（复杂）数学函数的值；
- 得到复杂函数的简单替代函数.

一旦得到了离散数据的连续近似，高等数学中关于连续函数或者可导函数的处理手段都可以拿来做进一步的分析.

4. 关于插值，我们总是期望两点：

- 插值函数应该比被插值函数具有**更简单的形式**或者处理起来更方便；
- 插值函数应该**继承**被插值函数（或者离散数据点）的**某些特性**（如**单调性**、**凸凹性**、**周期性**等）.

5. 不同插值目的对简单和继承特性的要求也不一样，要关心**两个度**：

- 插值函数的**简单程度**；
- 插值函数与所拟合的数据**在性态方面的接近程度**.

6. 常见的插值函数有**多项式**、**分段多项式**、**三角函数**、**有理函数**、**指数函数**.

7. 我们主要使用的是多项式插值和分段多项式插值. 原因如下:

- 多项式和分段多项式仅仅利用到了有限次加、减、乘、除这四种基础运算,因此**便于在计算机上实现**;
- **(分段)多项式的估值、求导、求积分相对容易.**

8. 大部分情况下使用分段多项式插值已经足够,但三角函数插值、有理函数插值甚至指数函数插值依然有其应用的空间.

4.1.2 多项式插值

1. 多项式插值的定义.

定义 4.2(多项式插值) 给定一组点$\{x_i, y_i\}(i=0,1,\cdots,n)$,且

$$x_0 < x_1 < \cdots < x_n,$$

求**次数不超过** n **的多项式** $p_n(x)$ 使得

$$p_n(x_i) = y_i, \quad i=0,1,\cdots,n$$

成立,其中 x_i 称为**插值节点**, $p_n(x)$ **称为** n **次插值多项式**. 特别的,如果数据点满足 $y_i = f(x_i)$,则 $y=f(x)$ 是**被插值函数**.

2. n 次插值多项式未必是 n 次多项式.

3. n 次多项式空间 P_n:由次数不超过 n 的多项式全体构成.

- 它是一个 $n+1$ 维的线性空间;
- 常见的基底是 $1, x, x^2, \cdots, x^n$,这组基底也称为**单项式基底**;
- 给定 P_n 空间的一组基$\varphi_0(x), \varphi_1(x), \cdots, \varphi_n(x)$,则对任意 $p(x) \in P_n$,有

$$p(x) = \sum_{j=0}^{n} c_j \varphi_j(x),$$

且表示**唯一**.

4. 单项式基底下的多项式插值.

- 设 n 次插值多项式为

$$p_n(x) = t_0 + t_1 x + t_2 x^2 + \cdots + t_n x^n.$$

- 根据插值条件,得到一个关于 $t_0, t_1, \cdots, t_n$ 的线性方程组

$$\begin{bmatrix} 1 & x_0 & \cdots & x_0^n \\ 1 & x_1 & \cdots & x_1^n \\ \vdots & \vdots & & \vdots \\ 1 & x_n & \cdots & x_n^n \end{bmatrix} \begin{bmatrix} t_0 \\ t_1 \\ \vdots \\ t_n \end{bmatrix} = \begin{bmatrix} y_0 \\ y_1 \\ \vdots \\ y_n \end{bmatrix},$$

矩阵形式记为 $\boldsymbol{A}\boldsymbol{t} = \boldsymbol{y}$,其中 $\boldsymbol{A}$ 称为**插值矩阵**.

- 矩阵 $\boldsymbol{A}$ 是 **Vandermonde 矩阵,当** x_i **互不相同时,**$\boldsymbol{A}$ **可逆.**
- 因此 $\boldsymbol{A}\boldsymbol{t} = \boldsymbol{y}$ 有解,且有唯一解. 这意味着:

当插值节点互不相同时,多项式插值问题一定有唯一解.

• 但我们不会通过求解 $\boldsymbol{At}=\boldsymbol{y}$ 得到插值多项式. 因为这么做不仅工作量大，并且 $\boldsymbol{A}$ 通常是一个**病态矩阵**.

4.1.3　Lagrange 插值

1. 考虑一般基底下的插值多项式：

• 假设有一组 P_n 的基底：$\varphi_0(x),\varphi_1(x),\cdots,\varphi_n(x)\in P_n$.

• **任意次数不超过 n 的多项式可写成**

$$p_n(x)=t_0\varphi_0(x)+t_1\varphi_1(x)+\cdots+t_n\varphi_n(x).$$

• 仿照前面得到矩阵形式 $\boldsymbol{At}=\boldsymbol{y}$，即

$$\begin{bmatrix}\varphi_0(x_0) & \varphi_1(x_0) & \cdots & \varphi_n(x_0)\\ \varphi_0(x_1) & \varphi_1(x_1) & \cdots & \varphi_n(x_1)\\ \vdots & \vdots & & \vdots\\ \varphi_0(x_n) & \varphi_1(x_n) & \cdots & \varphi_n(x_n)\end{bmatrix}\begin{bmatrix}t_0\\ t_1\\ \vdots\\ t_n\end{bmatrix}=\begin{bmatrix}y_0\\ y_1\\ \vdots\\ y_n\end{bmatrix},$$

这里的 $\boldsymbol{A}$ 称为一般**插值矩阵**.

• 不同的基底对应不同的插值矩阵，在对 $\boldsymbol{At}=\boldsymbol{y}$ 求解时，它们在效率、精度、稳定性方面存在着差别.

2. 一个问题：什么情况下，$\boldsymbol{At}=\boldsymbol{y}$ 能够被快速准确地求解？

3. 显然，当 **$\boldsymbol{A}=\boldsymbol{I}$ 时，系统求解起来最为方便**. 此时，我们就得到了 **Lagrange 插值多项式**.

4. 当矩阵 $\boldsymbol{A}$ 是单位阵时，对角线上元素为 1，其他元素为 0，得到

$$\varphi_j(x_i)=\delta_{ij}=\begin{cases}1, & i=j,\\ 0, & i\neq j,\end{cases}$$

其中 $i,j=0,1,\cdots,n$. 若可以求出这样的 $\varphi_j(x)$，它们就称为 **Lagrange 插值基**，并记为 $l_j(x)$，又称为**基本插值多项式**.

5. 计算得到 $l_j(x)=\dfrac{\prod\limits_{i=0且i\neq j}^{n}(x-x_i)}{\prod\limits_{i=0且i\neq j}^{n}(x_j-x_i)}$，进而得到

$$p_n(x)=\sum_{j=0}^{n}y_jl_j(x)=\sum_{j=0}^{n}y_j\frac{\prod\limits_{i=0且i\neq j}^{n}(x-x_i)}{\prod\limits_{i=0且i\neq j}^{n}(x_j-x_i)}.$$

我们把 $p_n(x)$ 称为 n 次 **Lagrange 插值多项式**，并记为 $L_n(x)$.

6. 存在唯一性定理.

定理 4.1　给定一组点 $\{x_i,y_i\}(i=0,1,\cdots,n)$，并且

$$x_0 < x_1 < \cdots < x_n,$$

则存在唯一的次数不超过 n 的多项式 $p_n(x)$，使得

$$p_n(x_i) = y_i, \quad i = 0, 1, \cdots, n.$$

7. $l_0(x), l_1(x), \cdots, l_n(x)$ 是 P_n 的一组基，对任意 $p(x) \in P_n$，有

$$p(x) = \sum_{j=0}^{n} p(x_j) l_j(x).$$

8. 称 $R_n(x) = f(x) - p_n(x)$ 为**插值余项**. 有如下插值误差余项定理：

定理 4.2 设 $f(x)$ 在包含 $n+1$ 个互异节点 $x_0, x_1, \cdots, x_n$ 的区间 $[a, b]$ 上 n 阶连续可导，且在区间 (a, b) 内存在 $n+1$ 阶导数，则对任意的 $x \in [a, b]$，有

$$R_n(x) = f(x) - p_n(x) = \frac{f^{(n+1)}(\xi)}{(n+1)!} W_{n+1}(x),$$

其中 $\xi \in (a, b)$，$W_{n+1}(x) = (x - x_0)(x - x_1) \cdots (x - x_n)$.

9. 如果 $f(x)$ 是次数不超过 n 的多项式，则 $p_n(x) = f(x)$.

10. 所有的 Lagrange 基函数之和为 1，即

$$\sum_{i=0}^{n} l_i(x) = \sum_{i=0}^{n} 1 \cdot l_i(x) = 1.$$

11. 如果 $\max\limits_{a \leqslant x \leqslant b} |f^{(n+1)}(x)| \leqslant M_{n+1}$，有

$$|R_n(x)| \leqslant \frac{M_{n+1}}{(n+1)!} |W_{n+1}(x)|.$$

12. Lagrange 插值多项式的**优点**是**表达式容易求、条件性好**，**缺点**则是**不容易求值、求导、求积分**.

4.1.4 Newton 插值

1. Lagrange 插值的讨论是建立在节点组给定的基础上，而这并不符合实际情况，因为我们很难一下子就知道用多少节点或者用哪些节点才能达到插值目的.

2. Newton 插值选择的基底为

$$1,\ x - x_0,\ (x - x_0)(x - x_1),\ \cdots,\ (x - x_0)(x - x_1)\cdots(x - x_{n-1}).$$

3. Newton 插值多项式表示为

$$p_n(x) = \alpha_0 + \alpha_1(x - x_0) + \cdots + \alpha_n(x - x_0)\cdots(x - x_{n-1}).$$

4. Newton 插值多项式的系数

$$\alpha_k = \sum_{j=0}^{k} \frac{f(x_j)}{\prod\limits_{i=0 \text{且} i \neq j}^{k} (x_j - x_i)},$$

这一结果使得我们可以用差商计算插值系数.

5. 差商的定义.

定义 4.3　设 0 阶差商为 $f[x_i]=f(x_i)$，则 1 阶差商定义为

$$f[x_i,x_j]=\frac{f[x_j]-f[x_i]}{x_j-x_i},$$

2 阶差商定义为

$$f[x_i,x_j,x_k]=\frac{f[x_j,x_k]-f[x_i,x_j]}{x_k-x_i},$$

k 阶差商定义为

$$f[x_0,x_1,\cdots,x_k]=\frac{f[x_1,x_2,\cdots,x_k]-f[x_0,x_1,\cdots,x_{k-1}]}{x_k-x_0}.$$

6. 这是一个**递归型**定义，差商拥有它自己的一个体系. 根据差商的定义，用**数学归纳法**可以证明：

$$f[x_0,x_1,\cdots,x_k]=\sum_{m=0}^{k}\frac{f(x_m)}{\prod\limits_{i=0且i\neq m}^{k}(x_m-x_i)}.$$

这意味着 $\alpha_k=f[x_0,x_1,\cdots,x_k]$，即**插值多项式的系数可以通过计算差商得到.**

7. n 次**插值多项式**可以写成

$$\begin{aligned}p_n(x)=&f[x_0]+f[x_0,x_1](x-x_0)\\&+f[x_0,x_1,x_2](x-x_0)(x-x_1)\\&+\cdots+f[x_0,x_1,\cdots,x_n](x-x_0)\cdots(x-x_{n-1}).\end{aligned}$$

这种类型的插值多项式称为 n 次 **Newton 插值多项式.**

8. 给定数据点集 $\{(x_0,y_0),(x_1,y_1),\cdots,(x_n,y_n)\}$，计算 Newton 插值多项式一般分为**两步**：

- 列表计算差商. 比如 4 个节点时的差商表为

k	x_k	0 阶	1 阶	2 阶	3 阶
0	x_0	$f[x_0]$	$f[x_0,x_1]$	$f[x_0,x_1,x_2]$	$f[x_0,x_1,x_2,x_3]$
1	x_1	$f[x_1]$	$f[x_1,x_2]$	$f[x_1,x_2,x_3]$	
2	x_2	$f[x_2]$	$f[x_2,x_3]$		
3	x_3	$f[x_3]$			

其中，1 到 3 阶差商按照递归定义

$$f[x_0,x_1,\cdots,x_k]=\frac{f[x_1,\cdots,x_k]-f[x_0,\cdots,x_{k-1}]}{x_k-x_0}$$

来计算.

- 根据差商表中第一行结果，得到插值多项式为

$$
\begin{aligned}
N_3(x) = & f[x_0] + f[x_0, x_1](x - x_0) \\
& + f[x_0, x_1, x_2](x - x_0)(x - x_1) \\
& + f[x_0, x_1, x_2, x_3](x - x_0)(x - x_1)(x - x_2).
\end{aligned}
$$

9. 如果令

$$
w_j = \frac{1}{\prod\limits_{i=0 \text{且} i \neq j}^{n} (x_j - x_i)}, \quad l_j(x) = w_j \prod_{i=0 \text{且} i \neq j}^{n} (x - x_i),
$$

直接计算出所有 w_j 所需的乘除工作量约是 n^2，而 Newton 法只需计算一个三角形的表格，总的乘除工作量约是 $\frac{n^2}{2}$.

10. 计算 Newton 插值多项式时，不必关心插值节点的排列顺序.

11. 差商的性质.

- $f[x_0, x_1, \cdots, x_k] = \sum\limits_{m=0}^{k} \frac{f(x_m)}{\prod\limits_{i=0 \text{且} i \neq m}^{k} (x_m - x_i)}$.

- 差商具有**对称性**，比如

$$
f[x_0, x_1, x_2, x_3] = f[x_3, x_0, x_2, x_1].
$$

- 差商同高阶导数具有如下关系：

$$
f[x_0, x_1, \cdots, x_k] = \frac{f^{(k)}(\eta)}{k!}, \quad \eta \in (\min_{0 \leqslant i \leqslant k}\{x_i\}, \max_{0 \leqslant i \leqslant k}\{x_i\}).
$$

它可以用来估算高阶导数的近似值. 若采用**均匀节点，差商可以用差分**代替.

- **一个推论**：

$$
f[x_0, x_1, \cdots, x_k, x] = \frac{f^{(k+1)}(\xi)}{(k+1)!},
$$

其中，$\xi \in (\min\{x_0, x_1, \cdots, x_k, x\}, \max\{x_0, x_1, \cdots, x_k, x\})$.

进一步的，可以证明 Newton 插值多项式的误差余项可以写为

$$
R_k(x) = f(x) - N_k(x) = f[x_0, x_1, \cdots, x_k, x] W_{k+1}(x).
$$

这只是插值误差的一个**不同的表达形式**而已，但它便于计算某个具体点处的误差.

12. Lagrange 插值和 Newton 插值的对比.

- 如果仅是计算插值多项式，可以选择 Newton 型；若想重复使用或者做理论分析，Lagrange 型更好.
- Newton 型的数值稳定性不如 Lagrange 型.
- Newton 型可以同 Horner 算法相结合，求值和求导运算具有很大的优势.

4.1.5 Hermite 插值

1. Hermite 插值是一种特殊类型的带导数的插值，具有完整的处理技术. 它

的具体定义如下：

定义 4.4　给定区间 $[a,b]$ 中 $n+1$ 个互异节点 $x_0,x_1,\cdots,x_n$ 上的函数值以及直到 m_i 阶的导数值

$$f(x_i),\quad f'(x_i),\quad \cdots,\quad f^{(m_i)}(x_i),\quad i=0,1,\cdots,n,$$

令

$$m=\sum_{i=0}^{n}(m_i+1)-1,$$

若存在次数不超过 m 的多项式 $H_m(x)$，使得每个 $x_i(i=0,1,\cdots,n)$ 处

$$H_m(x_i)=f(x_i),\quad H'_m(x_i)=f'(x_i),\quad \cdots,\quad H_m^{(m_i)}(x_i)=f^{(m_i)}(x_i),$$

则称 $H_m(x)$ 为 $f(x)$ 的 m 次 **Hermite 插值多项式.**

2. Hermite 插值又称为**重节点上的插值.**

3. 在每个节点处，从函数值到高阶导数值都是**连续出现**的，否则该带导数的插值就不是 Hermite 插值.

4. 关于解的存在唯一性，有如下定理：

定理 4.3　当被插值函数 $f(x)$ 在节点 x_i 处具有 m_i 阶连续导数时，Hermite 插值多项式 $H_m(x)$ 存在且唯一.

5. 关于 Hermite 插值的误差，有如下定理：

定理 4.4　当 $f(x)\in C^{m+1}[a,b]$ 时，Hermite 插值的误差余项为

$$f(x)-H_m(x)=\frac{f^{(m+1)}(\xi)}{(m+1)!}\prod_{i=0}^{n}(x-x_i)^{m_i+1},\quad \xi\in(a,b).$$

6. Newton 型 Hermite 插值多项式的求解依赖于下面的定理：

定理 4.5（Hermite-Gennochi）　若 $f\in C^n[a,b]$，且 $x_i\in[a,b](i=0,1,\cdots,n)$ 互异，则

$$f[x_0,x_1,\cdots,x_n]=\int\cdots\int_{\tau_n} f^{(n)}(t_0x_0+t_1x_1+\cdots+t_nx_n)\mathrm{d}t_1\cdots\mathrm{d}t_n,$$

其中 $\tau_n=\left\{(t_1,\cdots,t_n)\,\middle|\, t_1\geqslant 0,\cdots,\ t_n\geqslant 0,\ \sum_{i=1}^{n}t_i\leqslant 1\right\}$，$t_0=1-\sum_{i=1}^{n}t_i$.

这个定理的一个自然的推论是**差商是关于节点的连续函数.**

7. 重节点上的差商的计算.

- 当有一个重节点时：

$$f[x_0,x_0]=\lim_{x\to x_0}f[x_0,x]=\lim_{x\to x_0}\frac{f(x)-f(x_0)}{x-x_0}=f'(x_0).$$

- 当有更多节点时：

$$f[\underbrace{x_0,\cdots,x_0}_{k+1}]=\lim_{\substack{x_1\to x_0\\ \vdots\\ x_k\to x_0}}f[x_0,x_1,\cdots,x_k]=\lim_{\xi\to x_0}\frac{f^{(k)}(\xi)}{k!}=\frac{f^{(k)}(x_0)}{k!}.$$

- 其他情况：

$$f[x_0,x_0,x_1]=\frac{f[x_0,x_1]-f[x_0,x_0]}{x_1-x_0}=\frac{f[x_0,x_1]-f'(x_0)}{x_1-x_0}.$$

8. 有了重节点上的差商，**Hermite 插值多项式可以这样求**：

$$\begin{aligned}H_m(x)=&f[x_0]+f[x_0,x_0](x-x_0)+\cdots+f[x_0,\cdots,x_0](x-x_0)^{m_0}\\&+f[x_0,\cdots,x_0,x_1](x-x_0)^{m_0+1}\\&+f[x_0,\cdots,x_0,x_1,x_1](x-x_0)^{m_0+1}(x-x_1)+\cdots.\end{aligned}$$

4.1.6 分段插值

1. 如何提高插值多项式的精确程度？一个很容易想到的方案是**选择更多的插值节点，进行高次插值**.

2. 一般来说，我们不会采用高次多项式插值. 原因如下：

- 计算比较复杂；
- 有可能会发生 Runge 现象，即插值多项式非一致收敛；
- **摆动、震荡太多**.

3. 高次多项式插值可以被分段多项式插值替代，后者的优点如下：

- **用低阶多项式拟合大量的数据**；
- **消除高次插值过分震荡和不收敛现象**；
- 计算相对简单.

4. 等距节点的高次插值不具有一致收敛性，**但对实际计算来说，等距节点却非常方便**.

5. 当插值区间非常小时，低阶插值的效果非常好.

6. 假设给定区间$[a,b]$上的数据如下：

x	x_0	x_1	$\cdots$	x_{n-1}	x_n
$f(x)$	$f(x_0)$	$f(x_1)$	$\cdots$	$f(x_{n-1})$	$f(x_n)$

- 记 $h_i=x_{i+1}-x_i$, $h=\max\limits_{0\leqslant i\leqslant n-1}\{h_i\}$. 在$[x_i,x_{i+1}]$上进行线性插值，得到

$$L_{1,i}(x)=f(x_i)+f[x_i,x_{i+1}](x-x_i).$$

- 根据误差余项公式，**子区间上的插值误差余项为**

$$f(x)-L_{1,i}(x)=\frac{f''(\xi_i)}{2}(x-x_i)(x-x_{i+1}),\quad \xi_i\in(x_i,x_{i+1}),$$

因此小区间上的误差估计为

$$\max_{x_i\leqslant x\leqslant x_{i+1}}|f(x)-L_{1,i}(x)|\leqslant\frac{h_i^2}{8}\max_{x_i\leqslant x\leqslant x_{i+1}}|f''(x)|.$$

• 令

$$\widetilde{L}_1(x)=\begin{cases}L_{1,0}(x), & x\in[x_0,x_1),\\ L_{1,1}(x), & x\in[x_1,x_2),\\ \vdots \\ L_{1,n-2}(x), & x\in[x_{n-2},x_{n-1}),\\ L_{1,n-1}(x), & x\in[x_{n-1},x_n],\end{cases}$$

就得到了分段线性插值函数 $\widetilde{L}_1(x)$.

• 它的误差(**整体误差**)为

$$\begin{aligned}\max_{a\leqslant x\leqslant b}|f(x)-\widetilde{L}_1(x)| &= \max_{0\leqslant i\leqslant n-1}\max_{x_i\leqslant x\leqslant x_{i+1}}|f(x)-\widetilde{L}_{1,i}(x)|\\ &\leqslant \max_{0\leqslant i\leqslant n-1}\frac{h_i^2}{8}\max_{x_i\leqslant x\leqslant x_{i+1}}|f''(x)|\\ &\leqslant \frac{h^2}{8}\max_{a\leqslant x\leqslant b}|f''(x)|.\end{aligned}$$

• 分段线性插值多项式的**优点**是能消除高次插值过分震荡和不收敛现象.

• 分段线性插值多项式的**缺点**是在插值函数的光滑性方面有所欠缺.

7. 分段线性插值的一个**改进方案**是**分段 Hermite 插值.**

• 给定 $a=x_0<x_1<\cdots<x_n=b$ 上的数据表如下:

x	x_0	x_1	$\cdots$	x_{n-1}	x_n
$f(x)$	$f(x_0)$	$f(x_1)$	$\cdots$	$f(x_{n-1})$	$f(x_n)$
$f'(x)$	$f'(x_0)$	$f'(x_1)$	$\cdots$	$f'(x_{n-1})$	$f'(x_n)$

• 记 $h_i=x_{i+1}-x_i$, $h=\max\limits_{0\leqslant i\leqslant n-1}\{h_i\}$. 在每个小区间$[x_i,x_{i+1}]$上利用数据

x	x_i	x_{i+1}
$f(x)$	$f(x_i)$	$f(x_{i+1})$
$f'(x)$	$f'(x_i)$	$f'(x_{i+1})$

进行 Hermite 插值.

• **小区间**$[x_i,x_{i+1}]$ **上的插值函数为**

$$H_{3,i}(x)=f(x_i)+f'(x_i)(x-x_i)+\frac{f[x_i,x_{i+1}]-f'(x_i)}{h_i}(x-x_i)^2 + \frac{f'(x_{i+1})-2f[x_i,x_{i+1}]+f'(x_i)}{h_i^2}(x-x_i)^2(x-x_{i+1}),$$

它是利用 Newton 型 Hermite 插值公式得到的.

• **插值余项为**

$$f(x)-H_{3,i}(x)=\frac{f^{(4)}(\xi_i)}{4!}(x-x_i)^2(x-x_{i+1})^2,\quad \xi_i\in(x_i,x_{i+1}),$$

于是

$$\max_{x_i\leqslant x\leqslant x_{i+1}}|f(x)-H_{3,i}(x)|\leqslant\frac{1}{4!}\cdot\frac{h_i^4}{16}\max_{x_i\leqslant x\leqslant x_{i+1}}|f^{(4)}(x)|.$$

• 令

$$\widetilde{H}_3(x)=\begin{cases}H_{3,0}(x), & x\in[x_0,x_1),\\ H_{3,1}(x), & x\in[x_1,x_2),\\ \vdots & \\ H_{3,n-2}(x), & x\in[x_{n-2},x_{n-1}),\\ H_{3,n-1}(x), & x\in[x_{n-1},x_n],\end{cases}$$

则

$$\widetilde{H}_3(x_i)=f(x_i),\quad \widetilde{H}_3'(x_i)=f'(x_i),\quad i=0,1,\cdots,n,$$

即 $\widetilde{H}_3(x)$ 满足插值条件,称它为 $f(x)$ 的**分段三次 Hermite 插值函数**.

• 此外,$\widetilde{H}_3(x)$ 的插值误差为

$$\begin{aligned}\max_{a\leqslant x\leqslant b}|f(x)-\widetilde{H}_3(x)|&=\max_{0\leqslant i\leqslant n-1}\max_{x_i\leqslant x\leqslant x_{i+1}}|f(x)-\widetilde{H}_3(x)|\\&=\max_{0\leqslant i\leqslant n-1}\max_{x_i\leqslant x\leqslant x_{i+1}}|f(x)-H_{3,i}(x)|\\&\leqslant\max_{0\leqslant i\leqslant n-1}\frac{1}{4!}\cdot\frac{h_i^4}{16}\max_{x_i\leqslant x\leqslant x_{i+1}}|f^{(4)}(x)|\\&\leqslant\frac{h^4}{384}\max_{a\leqslant x\leqslant b}|f^{(4)}(x)|.\end{aligned}$$

• 分段三次 Hermite 插值的余项和 $f(x)$ 的 4 阶导数有关,具体结论如下:

定理 4.6 如果 $f(x)\in C^4[a,b]$,则 $\widetilde{H}_3(x)\xrightarrow{\text{一致}}f(x)$.

8. 分段 Hermite 插值是一种常见的插值方式,具有如下特点:

• 同分段线性插值一样,它能够**处理大量的数据而不产生 Runge 现象**;

• 同分段线性插值不一样的是,它的**插值误差更小,光滑性也更好**;

• **具有较高的数值精度以及保持数据或者函数的单调性**;

• 对插值数据的要求比较高,但**整体的光滑性只达到了 $\boldsymbol{C^1[a,b]}$**.

4.1.7 样条插值与三次样条插值

1. 分段线性插值形式简单,且只用到函数值,但是光滑性欠缺. 分段 Hermite 插值的要求比较高,**既要知道函数值, 还要知道相应的导数值,但其整体的光滑性只达到了 $\boldsymbol{C^1[a,b]}$**,并不能够满足实际的需要.

2. 相比而言，**样条插值既能降低插值要求，又能够达到相对好的光滑程度.** 样条插值的**功用**如下：

- 低阶的样条插值能产生和高阶的多项式插值类似的效果(精度高)；
- 可以避免被称为 Runge 现象的数值不稳定现象的出现(数值稳定性好)；
- 另外，低阶的样条插值还具有“保凸”的重要性质(光滑性好).

3. 最简单的样条是二次样条，但用得比较多的是三次样条. 所谓三次样条，顾名思义是**由分段三次曲线连接而成.**

定义 4.5　设 $\Delta := \{a = x_0 < x_1 < \cdots < x_n = b\}$ 是 $[a,b]$ 的一个划分，其上的一个**三次样条插值函数** $S:[a,b] \to \mathbf{R}$ 满足：

- $S(x) \in C^2[a,b]$，即它是 $[a,b]$ 上的一个 2 阶连续可导函数；
- $S(x)\Big|_{[x_j,x_{j+1}]}$ 是一个 3 次多项式；
- $S(x_j) = y_j$，即它满足插值条件.

4. 在每个小区间 $[x_j, x_{j+1}]$ 上，三次样条插值函数可以**表示为**

$$S(x) = A_j + B_j x + C_j x^2 + D_j x^3,$$

一共需要确定 $4n$ 个参数，但定义中的条件仅有 $4n-2$ 个.

5. 通常来说，应**结合实际需要选定剩余 2 个约束条件，而额外的约束条件一般是边界条件.** 常见的**边界条件**如下：

- 当端点处的斜率 $y'(x_0) = y_0'$，$y'(x_n) = y_n'$ 给定时有约束(Ⅰ)：

$$S'(a) = y_0', \quad S'(b) = y_n',$$

这里 y_0'，y_n' 分别表示左右端点处已知的导数值.

- 当端点处的力矩 $y''(x_0) = y_0''$，$y''(x_n) = y_n''$ 给定时有约束(Ⅱ)：

$$S''(a) = y_0'', \quad S''(b) = y_n'',$$

这里 y_0''，y_n'' 分别表示左右端点处已知的 2 阶导数值. 若 $S''(a) = S''(b) = 0$，此条件又称为**自然边界条件**，对应的样条称为**自然三次样条.**

- 当 $S(a) = S(b)$ 时，若函数的变化是周期性的，给定约束(Ⅲ)：

$$S^{(k)}(a) = S^{(k)}(b), \quad k = 1, 2,$$

这一条件又称为**周期边界条件.**

6. 为应付大规模数据点上的插值问题，三次样条插值采用如下算法：

- 假设 $M_j = S''(x_j)$，称之为**力矩**(moment).
- 根据 Lagrange 插值，在小区间$[x_j, x_{j+1}]$上，有

$$S''(x) = M_j \frac{x_{j+1} - x}{h_j} + M_{j+1} \frac{x - x_j}{h_j}, \quad x \in [x_j, x_{j+1}].$$

- 积分得到样条函数

$$S(x) = M_j \frac{(x_{j+1} - x)^3}{6h_j} + M_{j+1} \frac{(x - x_j)^3}{6h_j} + A_j(x - x_j) + B_j,$$

其中 A_j, B_j 是待定常数.

- 根据 $S(x_j)=y_j$, $S(x_{j+1})=y_{j+1}$,得到

$$A_j=\frac{y_{j+1}-y_j}{h_j}-\frac{h_j}{6}(M_{j+1}-M_j),\quad B_j=y_j-M_j\frac{h_j^2}{6}.$$

- 把求出的参数代入 $S'(x)$,得到

$$S'(x)=-M_j\frac{(x_{j+1}-x)^2}{2h_j}+M_{j+1}\frac{(x-x_j)^2}{2h_j}+\frac{y_{j+1}-y_j}{h_j}-\frac{h_j}{6}(M_{j+1}-M_j),$$

并对任意 $x\in[x_j,x_{j+1}]$ 成立.

- 根据 $S'(x_j-0)=S'(x_j+0)$,得到

$$\frac{h_{j-1}}{6}M_{j-1}+\frac{h_j+h_{j-1}}{3}M_j+\frac{h_j}{6}M_{j+1}=\frac{y_{j+1}-y_j}{h_j}-\frac{y_j-y_{j-1}}{h_{j-1}},$$

当 $j=1,2,\cdots,n-1$ 时均成立,总共有 $n-1$ 个方程.

- 令

$$\lambda_j=\frac{h_j}{h_{j-1}+h_j},\quad \mu_j=1-\lambda_j=\frac{h_{j-1}}{h_{j-1}+h_j},$$

$$d_j=\frac{6}{h_{j-1}+h_j}\left(\frac{y_{j+1}-y_j}{h_j}-\frac{y_j-y_{j-1}}{h_{j-1}}\right),$$

化简后得到系统

$$\mu_jM_{j-1}+2M_j+\lambda_jM_{j+1}=d_j,\quad j=1,2,\cdots,n-1.$$

- 若给定边界条件(Ⅰ),有

$$\lambda_0=1,\quad d_0=\frac{6}{h_0}\left(\frac{y_1-y_0}{h_0}-y_0'\right),$$

$$\mu_n=1,\quad d_n=\frac{6}{h_{n-1}}\left(y_n'-\frac{y_n-y_{n-1}}{h_{n-1}}\right),$$

得到线性系统

$$\begin{cases}2M_0+M_1=d_0,\\ \mu_jM_{j-1}+2M_j+\lambda_jM_{j+1}=d_j,\quad j=1,2,\cdots,n-1,\\ M_{n-1}+2M_n=d_n.\end{cases}$$

这是一个**严格对角占优**的**三对角**系统,可以用追赶法求解.

7. 上述解法确定 n 个小区间上的三次样条插值函数的**工作量**是 $O(n)$.

- 构建三对角系统需要 $O(n)$ 的工作量;
- 求解三对角系统需要 $O(n)$ 的工作量;
- 确定最终的函数也需要 $O(n)$ 的工作量.

8. 三次样条插值函数的收敛性定理.

定理 4.7(三次样条插值函数的收敛性定理)　如果 $f \in C^4[a,b]$，$S(x)$ 是相应的三次样条插值函数，则

$$\| f^{(k)} - S^{(k)} \|_\infty \leqslant c_k h^{4-k} \| f^{(4)} \|_\infty, \quad k = 0,1,2,3,$$

其中 c_k 是某些可以确定的常数(数值不作要求).

4.1.8　逼近问题

1. 函数逼近具有以下特点：

- **不一定要准确地通过给定的数据点；**
- **近似函数的形式较为简单；**
- **满足某种最优条件.**

2. 一个简单的定义.

定义 4.6　用简单函数 $p(x)$ 近似代替函数 $f(x)$ 的过程称为**函数逼近**，其中函数 $f(x)$ 称为**被逼近的函数**，$p(x)$ 称为**逼近函数**，两者之差

$$R(x) = f(x) - p(x)$$

称为逼近的**误差**或**余项**.

3. 函数逼近**更精确一点的提法**：对于给定的函数 $f(x)$，要求在一类**较简单且便于计算**的函数类空间 B 中寻找一个函数 $p(x)$，使 $p(x)$ 与 $f(x)$ 之差**在某种度量意义下最小**.

4. 如何度量"最小"，则涉及一般线性空间中**范数**的概念.

定义 4.7　设 X 是一个线性空间，假设有函数：$\|\cdot\|: X \to \mathbf{R}$，它满足：

- $\|\boldsymbol{x}\| \geqslant 0$，$\|\boldsymbol{x}\| = 0 \Leftrightarrow \boldsymbol{x} = \mathbf{0}$；
- $\|\alpha \boldsymbol{x}\| = |\alpha| \cdot \|\boldsymbol{x}\|$，$\alpha \in \mathbf{R}$；
- $\|\boldsymbol{x} + \boldsymbol{y}\| \leqslant \|\boldsymbol{x}\| + \|\boldsymbol{y}\|$(三角不等式)，

则称 $\|\cdot\|$ 是 X 上的**范数**，定义了范数的线性空间称为**线性赋范空间**.

有了范数就可以定义距离：设 $\boldsymbol{x}, \boldsymbol{y} \in X$，称 $\|\boldsymbol{x} - \boldsymbol{y}\|$ 为它们之间的**距离**.

5. 用得较多的一个空间是 $C[a,b]$ **空间**，即 $[a,b]$ 上的连续函数全体.

$C[a,b]$ 上的常用范数为

$$\|f\|_1 = \int_a^b |f(x)| \, \mathrm{d}x, \quad \|f\|_\infty = \max_{a \leqslant x \leqslant b} |f(x)|,$$

$$\|f\|_2 = \sqrt{\int_a^b [f(x)]^2 \mathrm{d}x}.$$

6. 最佳逼近的定义.

定义 4.8　设 X 是一个线性赋范空间，$M \subset X$(一般为 X 的子空间)，$f \in X$，若存在 M 中的元素 φ 满足

$$\|f - \varphi\| \leqslant \|f - \psi\|, \quad \forall \psi \in M,$$

则称 φ 为 f 在 M 中的**最佳逼近元.**

选择不同的范数会得到不同的最佳逼近:选择 ∞- 范数得到**最佳一致逼近**,选择 2- 范数得到**最佳平方逼近.**

4.1.9 最佳一致逼近

1. 对函数来说,∞- 范数度量的就是**最大误差**,即

$$\|f-g\|_\infty=\max_{a\leqslant x\leqslant b}|f(x)-g(x)|.$$

如果两个函数在某区间上的"最大"差别很小,则二者的"整体"差别就很小,这也是一致的含义.

2. 最佳一致逼近就是求**最大误差最小**的逼近函数. 在诸多最佳一致逼近中,最重要的是最佳一致逼近多项式.

定义 4.9 设 $f\in C[a,b]$,若存在 $p_n\in P_n$,使得对任意 $q_n\in P_n$,有

$$\|f-p_n\|_\infty\leqslant\|f-q_n\|_\infty,$$

则称 $p_n(x)$ 是 $f(x)$ 的 n 次**最佳一致逼近多项式.**

关于最佳一致逼近多项式,有如下定理:

定理 4.8 设 $f\in C[a,b]$,则它的 n 次**最佳一致逼近多项式存在且唯一.**

3. 由定义可知

$$\max_{a\leqslant x\leqslant b}|f(x)-p_n(x)|=\min_{q_n\in P_n}\max_{a\leqslant x\leqslant b}|f(x)-q_n(x)|.$$

4. 我们主要关注的是**在特定情况下,如何求出**一个函数的最佳一致逼近多项式. 首先给出**偏差点**的概念.

定义 4.10 设 $g\in C[a,b]$,如果存在 $x_k\in[a,b]$ 使得

$$|g(x_k)|=\|g\|_\infty,$$

则称 x_k 为 $g(x)$ 在 $[a,b]$ 上的**偏差点.** 并当 $g(x_k)=\|g\|_\infty$ 时,称 x_k 为 $g(x)$ 的**正偏差点**;当 $g(x_k)=-\|g\|_\infty$ 时,称 x_k 为 $g(x)$ 的**负偏差点.**

5. 特征定理.

定理 4.9 设 $f\in C[a,b]$, $p_n(x)\in P_n$,则 $p_n(x)$ 是 $f(x)$ 的 n 次最佳一致逼近多项式**当且仅当** $f(x)-p_n(x)$ 在 $[a,b]$ 上**至少有** $n+2$ **个交错偏差点**,即存在

$$a\leqslant x_0<x_1<\cdots<x_n<x_{n+1}\leqslant b,$$

使得

$$f(x_i)-p_n(x_i)=(-1)^i\sigma\|f-p_n\|_\infty,\quad i=0,1,\cdots,n+1,$$

其中 $\sigma=1$ 或 $\sigma=-1$.

该定理**表明**:至少有 $n+2$ 偏差点是交错出现的.

6. 一个推论.

推论 4.1　设函数 $f \in C[a,b]$，$p_n(x)$ 是相应的 n 次最佳一致逼近多项式，如果 $f^{(n+1)}(x)$ 在 (a,b) 内存在且保号，则

$$f(x)-p_n(x)$$

在 $[a,b]$ 内**恰有 $n+2$ 个交错偏差点，且 a,b 也是偏差点.**

7. 我们可以用这个推论求出高阶导数保号情况下的最佳一致逼近多项式. 具体求法如下：

如果 $f(x) \in C[a,b]$，$f^{(n+1)}(x)$ 在 (a,b) 上保号，它的 n 次最佳一致逼近多项式为

$$p_n(x)=c_0+c_1x+\cdots+c_nx^n,$$

则 $f(x)-p_n(x)$ 在 $[a,b]$ 上有 $n+2$ 个交错偏差点

$$a<x_1<x_2<\cdots<x_n<b,$$

且满足

$$\begin{aligned} f(a)-p_n(a) &= -[f(x_1)-p_n(x_1)] = f(x_2)-p_n(x_2) \\ &= \cdots = (-1)^n[f(x_n)-p_n(x_n)] \\ &= (-1)^{n+1}[f(b)-p_n(b)], \end{aligned}$$

$$f'(x_i)-p_n'(x_i)=0, \quad i=1,2,\cdots,n.$$

上述是含有 $2n+1$ 个参数的 $2n+1$ 阶非线性方程组，**一般可用迭代法求解，特殊情形下能精确求解.**

8. 另一个推论.

推论 4.2　设 $f \in C[a,b]$，则 $f(x)$ 的 n 次最佳一致逼近多项式 $p_n(x)$ 一定为 $f(x)$ 的某一个 n 次**插值多项式.**

4.1.10　最佳平方逼近

1. 最佳一致逼近考虑的是**整个区间上绝对误差的最大值**，它的特点如下：

- 求解具有一定的难度；
- 如果最大误差很小，则整体逼近效果很好；
- 如果最大误差很大，特别是在个别小区间上变化大，**最佳一致逼近反而不能很好地反映真实情况.**

2. 最佳一致逼近**过分强调**最大误差的重要性. 而在处理实际问题时，我们既应考虑最大误差的数值，还要考虑最大误差出现范围的大小. 也就是说，我们更应该考虑误差的“**整体贡献**”.

3. 为了更方便地讨论最佳平方逼近，先回顾一下**内积**的概念.

定义 4.11　设 X 是一个**线性空间**，若对任意 $x,y \in X$ 都有**唯一的**实数与之对应，记该实数为 (x,y)，且它满足：

- 对任意 $x,y \in X$，有 $(x,y)=(y,x)$；

- 对任意 $x,y\in X$ 和 $\lambda\in\mathbf{R}$,有 $(\lambda x,y)=\lambda(x,y)$;
- 对任意 $x,y,z\in X$,有 $(x+y,z)=(x,z)+(y,z)$;
- 对任意 $x\in X$,有 $(x,x)\geqslant 0$,且 $(x,x)=0\Leftrightarrow x=0$,

则称线性空间 X 为**内积空间**,又称为Hilbert空间. 二元运算 $(\cdot,\cdot)$ 称为**内积运算**,简称为内积.

内积是一个**具有对称性的双线性函数**.

4. 常用的内积有两个:

- $\mathbf{R}^n$: $(\boldsymbol{x},\boldsymbol{y})=\sum_{i=1}^{n}x_iy_i$;
- $C[a,b]$: $(f,g)=\int_a^b f(x)g(x)\mathrm{d}x$.

5. 对 $\mathbf{R}^n$ 和 $C[a,b]$,**内积定义的范数** $\|\boldsymbol{x}\|\Leftrightarrow$ **2- 范数**,这也是最佳平方逼近先介绍内积的原因.

6. 给出一个定义.

定义 4.12 设 X 是一个内积空间,$(\cdot,\cdot)$ 是内积,M 是 X 的有限维子空间,而 $\varphi_0,\varphi_1,\cdots,\varphi_m$ 是 M 的一组基,$f\in X$ 的**最佳平方逼近元** $\varphi\in M$ 满足

$$\|f-\varphi\|\leqslant\|f-\psi\|,\quad 对任意\ \psi\in M,$$

或者

$$\|f-\varphi\|=\min_{\psi\in M}\|f-\psi\|,$$

其中范数为内积定义的范数.

7. 根据定义,利用多元函数求极值得到**正规方程组**(也称**法方程组**):

$$\sum_{i=0}^{m}(\varphi_k,\varphi_i)a_i=(f,\varphi_k),\quad k=0,1,\cdots,m.$$

8. 写成矩阵向量形式则是

$$\begin{bmatrix}(\varphi_0,\varphi_0) & \cdots & (\varphi_0,\varphi_m)\\(\varphi_1,\varphi_0) & \cdots & (\varphi_1,\varphi_m)\\ \vdots & \ddots & \vdots\\(\varphi_m,\varphi_0) & \cdots & (\varphi_m,\varphi_m)\end{bmatrix}\begin{bmatrix}a_0\\a_1\\ \vdots\\a_m\end{bmatrix}=\begin{bmatrix}(f,\varphi_0)\\(f,\varphi_1)\\ \vdots\\(f,\varphi_m)\end{bmatrix}.$$

因为 $\varphi_0,\varphi_1,\cdots,\varphi_m$ 是线性空间的基底,所以上述系统中的矩阵为 **Gram 矩阵**. 可以证明它是**对称正定矩阵**. 因此,**正规方程组有唯一解** $c_0,c_1,\cdots,c_m$.

9. 求最佳平方逼近元的问题最终化为了正规方程组的求解问题. 使用时的**具体流程**如下:

- 找到相应的基底,把逼近元表示为基底的线性组合;
- 确定用什么形式的内积;
- 构造正规方程组并求解,得到系数向量;

- 用系数向量和基底表示逼近元.

10. 离散情形的最佳平方逼近.

给定如下数据：

x	x_1	x_2	x_3	$\cdots$	x_n
y	y_1	y_2	y_3	$\cdots$	y_n

讨论用函数来逼近这组数据.

- 设 $\varphi_0(x)$, $\varphi_1(x)$,…, $\varphi_m(x)$ 线性无关,令

$$q(x)=\sum_{i=0}^{m}a_i\varphi_i(x),$$

用 $q(x)$ 去拟合离散数据,就是**离散数据的最佳平方逼近**.

- **具体计算方法**如下:根据关系 $q(x_k)=\sum_{i=0}^{m}a_i\varphi_i(x_k)$,得到

$$\begin{bmatrix}q(x_1)\\q(x_2)\\\vdots\\q(x_n)\end{bmatrix}=\sum_{i=0}^{m}a_i\begin{bmatrix}\varphi_i(x_1)\\\varphi_i(x_2)\\\vdots\\\varphi_i(x_n)\end{bmatrix}.$$

如果记

$$\boldsymbol{\varphi}_i=\begin{bmatrix}\varphi_i(x_1)\\\varphi_i(x_2)\\\vdots\\\varphi_i(x_n)\end{bmatrix}\quad(i=0,1,\cdots,m),\quad \boldsymbol{y}=\begin{bmatrix}y_1\\y_2\\\vdots\\y_n\end{bmatrix},$$

则 $(q(x_k))_{n\times1}$ 就是 φ_i 的线性组合,而拟合系数 c_0, c_1,…, c_m 满足

$$\begin{bmatrix}(\boldsymbol{\varphi}_0,\boldsymbol{\varphi}_0) & \cdots & (\boldsymbol{\varphi}_0,\boldsymbol{\varphi}_m)\\(\boldsymbol{\varphi}_1,\boldsymbol{\varphi}_0) & \cdots & (\boldsymbol{\varphi}_1,\boldsymbol{\varphi}_m)\\\vdots & \ddots & \vdots\\(\boldsymbol{\varphi}_m,\boldsymbol{\varphi}_0) & \cdots & (\boldsymbol{\varphi}_m,\boldsymbol{\varphi}_m)\end{bmatrix}\begin{bmatrix}c_0\\c_1\\\vdots\\c_m\end{bmatrix}=\begin{bmatrix}(\boldsymbol{y},\boldsymbol{\varphi}_0)\\(\boldsymbol{y},\boldsymbol{\varphi}_1)\\\vdots\\(\boldsymbol{y},\boldsymbol{\varphi}_m)\end{bmatrix}.$$

11. 超定方程组的最小二乘方法.

对于超定线性方程组

$$\boldsymbol{Ax}=\boldsymbol{b},\ \boldsymbol{A}\in\mathbf{R}^{m\times n},\quad m>n,$$

它在一般情况下没有精确解.实际应用中,我们会求 $\boldsymbol{x}^*$ 使得

$$\|\boldsymbol{b}-\boldsymbol{Ax}^*\|_2^2=\min_{\boldsymbol{x}\in\mathbf{R}^n}\|\boldsymbol{b}-\boldsymbol{Ax}\|_2^2=\min_{\boldsymbol{x}\in\mathbf{R}^n}(\boldsymbol{b}-\boldsymbol{Ax},\boldsymbol{b}-\boldsymbol{Ax}),$$

即用 $\boldsymbol{Ax}$ 去拟合 $\boldsymbol{b}$.

超定方程组的正规方程组为

$$\boldsymbol{A}^{\mathrm{T}}\boldsymbol{A}\boldsymbol{x}=\boldsymbol{A}^{\mathrm{T}}\boldsymbol{b}.$$

12. 连续情形的最佳平方逼近.

设 $f(x)\in C[a,b]$,而 $\varphi_i(x)\in C[a,b]$ $(i=0,1,\cdots,m)$ 线性无关,因此

$$M=\mathrm{span}\{\varphi_0(x),\varphi_1(x),\cdots,\varphi_m(x)\}$$

是 $C[a,b]$ 的一个 $m+1$ 维子空间. 进一步的,设 $q(x),p(x)\in M$ 分别为

$$q(x)=\sum_{i=0}^{m}a_i\varphi_i(x),\quad p(x)=\sum_{i=0}^{m}c_i\varphi_i(x).$$

记

$$\Phi(a_0,a_1,\cdots,a_m)=\|f-q\|_2^2=\int_a^b\Big(f(x)-\sum_{i=0}^{m}a_i\varphi_i(x)\Big)^2\mathrm{d}x,$$

求 $c_0,c_1,\cdots,c_m$ 使得

$$\|f-p\|_2\leqslant\|f-q\|_2,\quad 对任意\ q\in M,$$

即

$$\Phi(c_0,c_1,\cdots,c_m)=\min_{a_0,a_1,\cdots,a_m\in\mathbf{R}}\Phi(a_0,a_1,\cdots,a_m).$$

这就是**连续情形的最佳平方逼近**. 而 $c_0,c_1,\cdots,c_m$ 是如下(正规)方程组

$$\begin{bmatrix}(\varphi_0,\varphi_0) & \cdots & (\varphi_0,\varphi_m)\\ (\varphi_1,\varphi_0) & \cdots & (\varphi_1,\varphi_m)\\ \vdots & \ddots & \vdots\\ (\varphi_m,\varphi_0) & \cdots & (\varphi_m,\varphi_m)\end{bmatrix}\begin{bmatrix}c_0\\ c_1\\ \vdots\\ c_m\end{bmatrix}=\begin{bmatrix}(f,\varphi_0)\\ (f,\varphi_1)\\ \vdots\\ (f,\varphi_m)\end{bmatrix}$$

的解,其中

$$(\varphi_i,\varphi_j)=\int_a^b\varphi_i(x)\varphi_j(x)\mathrm{d}x,\quad (f,\varphi_i)=\int_a^b f(x)\varphi_i(x)\mathrm{d}x.$$

若基函数

$$\varphi_i(x)=x^i\quad(i=0,1,\cdots,m),$$

那么 $p(x)$ 称为 $f(x)$ 在 $[a,b]$ 上的 m **次最佳平方逼近多项式**.

4.2 典型例题解析

例 1 已知 $\sqrt{100}=10,\sqrt{121}=11,\sqrt{144}=12$,试构造二次插值多项式近似计算 $\sqrt{115}$ 的值并估算误差.

提示 根据所给条件,采用 Lagrange 插值多项式计算,并利用插值误差余项公式估计误差.

解 • 设 $f(x)=\sqrt{x}$.

• 选取节点为 $x_0=100,x_1=121,x_2=144$,对应的 $y_0=10$, $y_1=11$, $y_2=12$.

- $L_2(x)=10\times\frac{(x-121)(x-144)}{(100-121)(100-144)}+11\times\frac{(x-100)(x-144)}{(121-100)(121-144)}$

$$+12\times\frac{(x-100)(x-121)}{(144-100)(144-121)}.$$

- $f(115)\approx L_2(115)=10.7228.$
- 因为

$$f'(x)=\frac{1}{2}x^{-\frac{1}{2}},\quad f''(x)=-\frac{1}{4}x^{-\frac{3}{2}},\quad f'''(x)=\frac{3}{8}x^{-\frac{5}{2}},$$

则 $|f'''(x)|$ 的最大值在区间 $[100,144]$ 的 $x=100$ 处取到.

- 误差为

$$\begin{aligned}|R_2(115)|&=\frac{|f'''(\xi)|}{3!}|W_3(115)|\\&\leqslant\frac{1}{6}\times\frac{3}{8}\times100^{-\frac{5}{2}}\times15\times6\times29\\&\approx0.163125\times10^{-2}.\end{aligned}$$

例 2　已知函数表如下：

x	0	1	2
$f(x)$	8	-7.5	-18

试求方程 $f(x)=0$ 在 $[0,2]$ 上的根的近似值.

提示　本题可以通过先求插值多项式 $p_2(x)$，再解方程得到根的近似值，但这里我们采用另外一种方式.

解　将给定数据改变为

$f(x)$	8	-7.5	-18
x	0	1	2

对这组数据进行插值，得到 $y=f(x)$ 的反函数 $x=f^{-1}(y)$ 的近似函数为

$$L_2(y)=\frac{(y-8)(y+18)}{(-7.5-8)(-7.5+18)}+2\times\frac{(y-8)(y+7.5)}{(-18-8)(-18+7.5)}.$$

令 $y=0$，得到 $L_2(0)\approx0.445232$.

注　如果直接对原数据进行插值，得到的插值多项式为

$$\widetilde{L}_2(x)=2.5x^2-18x+8.$$

再令 $\widetilde{L}_2(x)=0$，得 $x_1\approx0.4759$，$x_2\approx6.7241$. 取 $x\approx0.4759$，可以发现该结果与上面的结果比较接近，但并不一致.

例 3　函数 $f(x)=\ln x$ 的数据表如下所示：

x	0.4	0.5	0.6
$\ln x$	−0.91629	−0.693147	−0.510826
x	0.7	0.8	0.9
$\ln x$	−0.356675	−0.223144	−0.105361

分别用线性插值及二次插值计算 ln 0.54 的近似值.

提示　本题需要自主选择插值节点.

解　• 线性插值选用节点 $x_0=0.5, x_1=0.6$，则

$$\ln 0.54 \approx (-0.693147)\times\frac{0.54-0.6}{0.5-0.6}+(-0.510826)\times\frac{0.54-0.5}{0.6-0.5}$$
$$=-0.620219.$$

• 二次插值取 $x_0=0.5, x_1=0.6, x_2=0.7$，则

$$\begin{aligned}\ln 0.54 \approx\ & (-0.693147)\times\frac{(0.54-0.6)(0.54-0.7)}{(0.5-0.6)(0.5-0.7)}\\ &+(-0.510826)\times\frac{(0.54-0.5)(0.54-0.7)}{(0.6-0.5)(0.6-0.7)}\\ &+(-0.356675)\times\frac{(0.54-0.5)(0.54-0.6)}{(0.7-0.5)(0.7-0.6)}\\ =\ &-0.6168382.\end{aligned}$$

注　也可取 $x_0=0.4, x_1=0.5, x_2=0.6$ 进行二次插值，结果为

$$\ln 0.54 \approx -0.6153198.$$

例 4　给定 $n+1$ 个插值节点 $x_0, x_1, \cdots, x_n$，且 $l_i(x)(i=0,1,\cdots,n)$ 是相应的 Lagrange 插值的基函数. 证明：

(1) $\sum\limits_{i=0}^{n} l_i(x)=1$；

(2) $\sum\limits_{i=0}^{n} x_i^j l_i(x)=x^j\ (j=1,2,\cdots,n)$；

(3) $\sum\limits_{i=0}^{n} (x_i-x)^j l_i(x)=0\ (j=1,2,\cdots,n)$；

(4) $\sum\limits_{i=0}^{n} l_i(0)x_i^j=\begin{cases}0, & j=1,2,\cdots,n,\\ (-1)^n x_0x_1\cdots x_n, & j=n+1.\end{cases}$

提示　本题考查对插值误差余项公式的灵活运用.

证明　根据

$$R_n(x)=f(x)-p_n(x)=\frac{f^{(n+1)}(\xi)}{(n+1)!}W_{n+1}(x),$$

若 $f(x)$ 是次数不超过 n 的多项式，则 $p_n(x)=f(x)$.

(1) $\sum\limits_{i=0}^{n} l_i(x)=\sum\limits_{i=0}^{n} 1\cdot l_i(x)=1$，这里 $f(x)=1$.

(2) $\sum_{i=0}^{n} x_i^j l_i(x) = \sum_{i=0}^{n} x_i^j \cdot l_i(x) = x^j$，这里 $f(x) = x^j (j = 1, 2, \cdots, n)$.

(3) 这一问有两种不同的做法：

(方法一) $\sum_{i=0}^{n} (x_i - x)^j l_i(x) = \sum_{i=0}^{n} \left[\sum_{k=0}^{j} C_j^k x_i^{j-k} (-x)^k\right] l_i(x)$

$$= \sum_{k=0}^{j} C_j^k (-x)^k \left(\sum_{i=0}^{n} x_i^{j-k} l_i(x)\right)$$

$$= \sum_{k=0}^{j} C_j^k (-x)^k x^{j-k} = (x - x)^j = 0.$$

(方法二) 令

$$f(t) = (t - x)^j,$$

它是关于 t 的 j 次多项式，考虑它在 $x_0, x_1, \cdots, x_n$ 处的插值多项式，有

$$\sum_{i=0}^{n} (x_i - x)^j l_i(t) = (t - x)^j,$$

再令 $t = x$，即得结论.

(4) 当 $j \leqslant n$ 时，在(2) 中令 $x = 0$，即得

$$\sum_{i=0}^{n} x_i^j l_i(0) = 0^j = 0.$$

当 $j = n + 1$ 时，令 $f(x) = x^{n+1}$，则

$$f(x) - \sum_{i=0}^{n} x_i^{n+1} l_i(x) = \frac{f^{(n+1)}(\xi)}{(n+1)!}(x - x_0)(x - x_1)\cdots(x - x_n),$$

令 $x = 0$，并注意到 $f^{(n+1)}(\xi) = (n+1)!$，即得结论.

例 5　给定如下数据点：

x	0	2	3	5
y	1	3	2	5

试计算 $N_3(x)$. 如果增加一个数据点(6,6)，计算 $N_4(x)$.

解　差商表如下：

k	x_k	0 阶	1 阶	2 阶	3 阶
0	0	1	1	$-\frac{2}{3}$	$\frac{3}{10}$
1	2	3	-1	$\frac{5}{6}$	
2	3	2	$\frac{3}{2}$		
3	5	5			

因此插值多项式为

$$N_3(x)=1+x-\frac{2}{3}x(x-2)+\frac{3}{10}x(x-2)(x-3).$$

增加一个数据点(6,6),差商表如下:

k	x_k	0 阶	1 阶	2 阶	3 阶	4 阶
0	0	1	1	$-\frac{2}{3}$	$\frac{3}{10}$	$-\frac{11}{120}$
1	2	3	-1	$\frac{5}{6}$	$-\frac{1}{4}$	
2	3	2	$\frac{3}{2}$	$-\frac{1}{6}$		
3	5	5	1			
4	6	6				

因此插值多项式为

$$N_4(x)=1+x-\frac{2}{3}x(x-2)+\frac{3}{10}x(x-2)(x-3)$$

$$-\frac{11}{120}x(x-2)(x-3)(x-5).$$

例 6 已知

$$f(x)=x^7+x^4+3x+1,$$

求 $f[2^0,2^1,\cdots,2^7]$ 及 $f[2^0,2^1,\cdots,2^8]$.

提示 本题中 $f(x)$ 是一个多项式,故应利用差商的性质.

解 差商同高阶导数具有如下关系:

$$f[x_0,x_1,\cdots,x_k]=\frac{f^{(k)}(\eta)}{k!},\quad \eta\in(\min_{0\leqslant i\leqslant k}\{x_i\},\max_{0\leqslant i\leqslant k}\{x_i\}).$$

利用 $f^{(7)}(x)=7!$,$f^{(8)}(x)=0$,可得

$$f[2^0,2^1,\cdots,2^7]=\frac{f^{(7)}(\xi)}{7!}=\frac{7!}{7!}=1,$$

$$f[2^0,2^1,\cdots,2^8]=\frac{f^{(8)}(\xi)}{8!}=\frac{0}{8!}=0.$$

例 7(拓展题) 若 $f(x)=a_nx^n+a_{n-1}x^{n-1}+\cdots+a_1x+a_0$ 有 n 个相异的实根 $x_1,x_2,\cdots,x_n$,证明:

$$\sum_{j=1}^{n}\frac{x_j^k}{f'(x_j)}=\begin{cases}0, & 0\leqslant k\leqslant n-2,\\ \dfrac{1}{a_n}, & k=n-1.\end{cases}$$

提示 本题考查差商的另一个性质:

$$f[x_0,x_1,\cdots,x_k]=\sum_{m=0}^{k}\frac{f(x_m)}{\prod\limits_{i=0且i\neq m}^{k}(x_m-x_i)}.$$

证明　因为 $f(x)$ 有 n 个相异的实根 $x_1,x_2,\cdots,x_n$，故 $f(x)$ 可表示成

$$f(x)=a_n\prod_{i=1}^{n}(x-x_i),$$

所以

$$f'(x_j)=a_n\prod_{i=1且i\neq j}^{n}(x_j-x_i),$$

则

$$\sum_{j=1}^{n}\frac{x_j^k}{f'(x_j)}=\sum_{j=1}^{n}\frac{x_j^k}{a_n\prod\limits_{i=1且i\neq j}^{n}(x_j-x_i)}=\frac{1}{a_n}\sum_{j=1}^{n}\frac{x_j^k}{\prod\limits_{i=1且i\neq j}^{n}(x_j-x_i)}.$$

记 $g_k(x)=x^k$，则

$$g_k^{(n-1)}(x)=\begin{cases}0, & 0\leqslant k\leqslant n-2,\\ (n-1)!, & k=n-1,\end{cases}$$

因此

$$\sum_{j=1}^{n}\frac{x_j^k}{f'(x_j)}=\frac{1}{a_n}\sum_{j=1}^{n}\frac{x_j^k}{\prod\limits_{i=1且i\neq j}^{n}(x_j-x_i)}=\frac{1}{a_n}g[x_1,x_2,\cdots,x_n]$$
$$=\begin{cases}0, & 0\leqslant k\leqslant n-2,\\ \dfrac{1}{a_n}, & k=n-1.\end{cases}$$

例 8　试判断下面的函数是否为三次样条函数：

(1) $f(x)=\begin{cases}x^2, & x\geqslant 0,\\ \sin x, & x<0.\end{cases}$

(2) $f(x)=\begin{cases}0, & -1\leqslant x<0,\\ x^3, & 0\leqslant x<1,\\ x^3+(x-1)^2, & 1\leqslant x\leqslant 2;\end{cases}$

(3) $f(x)=\begin{cases}x^3+2x+1, & -1\leqslant x<0,\\ 2x^3+2x+1, & 0\leqslant x\leqslant 1.\end{cases}$

提示　本题考查三次样条函数的定义.

解　三次样条函数要求在每个部分是三次多项式，同时整体二阶连续可导.

(1) 因为 $\sin x$ 不是三次式，故 $f(x)$ 不是三次样条函数.

(2) 因为

$$f'(x)=\begin{cases}0, & -1\leqslant x<0,\\ 3x^2, & 0\leqslant x<1,\\ 3x^2+2(x-1), & 1\leqslant x\leqslant 2,\end{cases}$$

$$f''(x)=\begin{cases}0, & -1\leqslant x<0,\\ 6x, & 0\leqslant x<1,\\ 6x+2, & 1<x\leqslant 2,\end{cases}$$

而 $f''(x)$ 在 $x=1$ 处不连续，故 $f(x)$ 不是三次样条函数.

(3) 显然 $f(x)$ 在每段上都是三次式，且 $f(x)$ 在 $[-1,1]$ 上连续. 因为

$$f'(x)=\begin{cases}3x^2+2, & -1\leqslant x<0,\\ 6x^2+2, & 0\leqslant x\leqslant 1,\end{cases}$$

所以 $f'(x)$ 在 $[-1,1]$ 上连续；又因为

$$f''(x)=\begin{cases}6x, & -1\leqslant x<0,\\ 12x, & 0\leqslant x\leqslant 1,\end{cases}$$

所以 $f''(x)$ 在 $[-1,1]$ 上连续. 从而 $f(x)\in C^2[-1,1]$，因此 $f(x)$ 是三次样条函数.

例 9 求 a,b，使得 $\int_0^{\frac{\pi}{2}}(a+bx-\sin x)^2\mathrm{d}x$ 取最小值.

解 该问题即求 $f(x)=\sin x$ 在 $\left[0,\frac{\pi}{2}\right]$ 上形如 $a+bx$ 的最佳平方逼近多项式. 令 $\varphi_0(x)=1$，$\varphi_1(x)=x$，则

$$(\varphi_0,\varphi_0)=\int_0^{\frac{\pi}{2}}1\mathrm{d}x=\frac{\pi}{2},\quad (\varphi_0,\varphi_1)=\int_0^{\frac{\pi}{2}}x\,\mathrm{d}x=\frac{\pi^2}{8},$$

$$(\varphi_1,\varphi_1)=\int_0^{\frac{\pi}{2}}x^2\mathrm{d}x=\frac{\pi^3}{24},$$

$$(f,\varphi_0)=\int_0^{\frac{\pi}{2}}\sin x\,\mathrm{d}x=1,\quad (f,\varphi_1)=\int_0^{\frac{\pi}{2}}x\sin x\,\mathrm{d}x=1,$$

从而正规方程组的矩阵形式为

$$\begin{bmatrix}\frac{\pi}{2} & \frac{\pi^2}{8}\\ \frac{\pi^2}{8} & \frac{\pi^3}{24}\end{bmatrix}\begin{bmatrix}a\\ b\end{bmatrix}=\begin{bmatrix}1\\ 1\end{bmatrix},$$

解得 $a\approx 0.114771$，$b\approx 0.664439$.

例 10 设 X 是一个内积空间，$(\cdot,\cdot)$ 是内积，M 是内积空间 X 的有限维子空间，而 $\varphi_0,\varphi_1,\cdots,\varphi_m$ 是 M 的一组基. 若

$$\|f-\varphi\|=\min_{\psi\in M}\|f-\psi\|,$$

证明:误差 R 满足

$$R^2=\|f-\varphi\|^2=(f-\varphi,f-\varphi)=\|f\|_2^2-\sum_{i=0}^{m}c_i(f,\varphi_i),$$

其中 c_i 满足正规方程组

$$\sum_{i=0}^{m}(\varphi_k,\varphi_i)c_i=(f,\varphi_k),\quad k=0,1,\cdots,m.$$

提示　从几何意义上来说,如果 φ 是 f 的最佳平方逼近,则

$$f-\varphi\perp\varphi,\quad 即\quad (f-\varphi,\varphi)=0.$$

证明　根据题意可得 $\varphi=c_0\varphi_0+c_1\varphi_1+\cdots+c_m\varphi_m$,因此

$$\begin{aligned}(f-\varphi,\varphi)&=\left(f-\sum_{i=0}^{m}c_i\varphi_i,\sum_{k=0}^{m}c_k\varphi_k\right)=\sum_{k=0}^{m}c_k\left(f-\sum_{i=0}^{m}c_i\varphi_i,\varphi_k\right)\\&=\sum_{k=0}^{m}c_k\left((f,\varphi_k)-\sum_{i=0}^{m}c_i(\varphi_i,\varphi_k)\right)=0,\end{aligned}$$

从而

$$\begin{aligned}R^2&=(f-\varphi,f-\varphi)=(f-\varphi,f)=(f,f)-(f,\varphi)\\&=\|f\|^2-\sum_{i=0}^{m}c_i(f,\varphi_i).\end{aligned}$$

例 11　分别求 x^2 在 $[0,1]$ 上形如 $a+bx$ 和 $cx^{100}+dx^{101}$ 的最佳平方逼近,并比较其误差.

解　• 先取基底为 $\varphi_0(x)=1,\ \varphi_1(x)=x$,则

$$(\varphi_0,\varphi_0)=\int_0^1 1\mathrm{d}x=1,\quad (\varphi_0,\varphi_1)=\int_0^1 x\,\mathrm{d}x=\frac{1}{2},$$

$$(\varphi_1,\varphi_1)=\int_0^1 x^2\mathrm{d}x=\frac{1}{3},$$

$$(f,\varphi_0)=\int_0^1 x^2\mathrm{d}x=\frac{1}{3},\quad (f,\varphi_1)=\int_0^1 x^3\mathrm{d}x=\frac{1}{4},$$

从而正规方程组的矩阵形式为

$$\begin{bmatrix}1&\frac{1}{2}\\\frac{1}{2}&\frac{1}{3}\end{bmatrix}\begin{bmatrix}a\\b\end{bmatrix}=\begin{bmatrix}\frac{1}{3}\\\frac{1}{4}\end{bmatrix},$$

解得 $a=-\frac{1}{6},\ b=1$,即最佳平方逼近多项式为 $-\frac{1}{6}+x$,其误差 R_1 满足

$$\begin{aligned}R_1^2&=\|f\|^2+\frac{1}{6}(f,\varphi_0)-(f,\varphi_1)=\frac{1}{5}+\frac{1}{18}-\frac{1}{4}=\frac{1}{180}\\&\approx 0.00556.\end{aligned}$$

• 再取基底为 $\varphi_0(x)=x^{100},\ \varphi_1(x)=x^{101}$,则

$$(\varphi_0,\varphi_0)=\int_0^1 x^{200}\mathrm{d}x=\frac{1}{201},\quad (\varphi_0,\varphi_1)=\int_0^1 x^{201}\mathrm{d}x=\frac{1}{202},$$

$$(\varphi_1,\varphi_1)=\int_0^1 x^{202}\mathrm{d}x=\frac{1}{203},$$

$$(f,\varphi_0)=\int_0^1 x^{102}\mathrm{d}x=\frac{1}{103},\quad (f,\varphi_1)=\int_0^1 x^{103}\mathrm{d}x=\frac{1}{104},$$

从而正规方程的矩阵形式为

$$\begin{bmatrix}\frac{1}{201} & \frac{1}{202}\\ \frac{1}{202} & \frac{1}{203}\end{bmatrix}\begin{bmatrix}c\\ d\end{bmatrix}=\begin{bmatrix}\frac{1}{103}\\ \frac{1}{104}\end{bmatrix},$$

解得 $c\approx 375.243$，$b\approx -375.148$，即最佳平方逼近多项式为

$$375.243x^{100}-375.148x^{101},$$

其误差 R_2 满足

$$R_2^2=\|f\|^2-375.243(f,\varphi_0)+375.148(f,\varphi_1)\approx 0.164056.$$

• 在最佳平方逼近下，前者的误差更小，因此是一个更好的逼近.

例 12 试用二次多项式来拟合下列数据：

x	0	1	2	3	4	5	6
y	15	14	14	14	14	15	16

提示 观察上表中的数据不难发现，如果对数据进行简单的变换，处理起来会更容易.

解 令 $u=x-3$，$v=y-14$，则给定的数据表可化为

u	-3	-2	-1	0	1	2	3
v	1	0	0	0	0	1	2

设拟合多项式为 $v=a+bu+cu^2$，取基函数为

$$\varphi_0(u)=1,\quad \varphi_1(u)=u,\quad \varphi_2(u)=u^2,$$

则对应的基向量为

$$\boldsymbol{\varphi}_0=\begin{bmatrix}1\\1\\1\\1\\1\\1\\1\end{bmatrix},\quad \boldsymbol{\varphi}_1=\begin{bmatrix}-3\\-2\\-1\\0\\1\\2\\3\end{bmatrix},\quad \boldsymbol{\varphi}_2=\begin{bmatrix}9\\4\\1\\0\\1\\4\\9\end{bmatrix},\quad \boldsymbol{v}=\begin{bmatrix}1\\0\\0\\0\\0\\1\\2\end{bmatrix},$$

可得正规方程组的矩阵形式为

$$\begin{bmatrix}7 & 0 & 28\\0 & 28 & 0\\28 & 0 & 196\end{bmatrix}\begin{bmatrix}a\\b\\c\end{bmatrix}=\begin{bmatrix}4\\5\\31\end{bmatrix},$$

解得 $a=-\frac{1}{7}$, $b=\frac{5}{28}$, $c=\frac{5}{28}$. 因此要求的拟合多项式为

$$y-14=-\frac{1}{7}+\frac{5}{28}(x-3)+\frac{5}{28}(x-3)^2.$$

例 13　给定数据表如下：

x	1.00	1.25	1.50	1.75	2.00
y	5.10	5.79	6.53	7.45	8.46

用最小二乘法求形如 $y=ae^{bx}$ 的经验公式.

提示　把函数变为 $\ln y=\ln a+bx$,此时 x 和 $\ln y$ 构成线性关系.

解　给定的数据表可化为

x	1.00	1.25	1.50	1.75	2.00
$Y=\ln y$	1.629	1.756	1.876	2.008	2.135

问题变为求 $Y=c_0+c_1x$ 形式的最小二乘解. 取 $\varphi_0(x)=1$, $\varphi_1(x)=x$,则对应的基向量为

$$\boldsymbol{\varphi}_0=(1,1,1,1,1)^{\mathrm{T}},\quad \boldsymbol{\varphi}_1=(1.00,1.25,1.50,1.75,2.00)^{\mathrm{T}},$$
$$\boldsymbol{Y}=(1.629,1.756,1.876,2.008,2.135)^{\mathrm{T}},$$

可得正规方程组的矩阵形式为

$$\begin{bmatrix}5 & 7.5\\7.5 & 11.875\end{bmatrix}\begin{bmatrix}c_0\\c_1\end{bmatrix}=\begin{bmatrix}9.404\\14.422\end{bmatrix},$$

解得 $c_0=1.1224$, $c_1=0.5056$,所以 $\ln y=1.1224+0.5056x$,即得

$$y=3.072e^{0.5056x}.$$

例 14(拓展题)　证明:两点 Hermite 三次多项式插值的误差余项为

$$R_3(x)=\frac{f^{(4)}(\xi)}{24}(x-x_0)^2(x-x_1)^2.$$

提示　本题的证明方式同证明普通插值误差余项公式类似.

证明　根据题意可得 $R_3(x)=f(x)-p_3(x)$,它满足

$$R_3(x_0)=R_3(x_1)=0,\quad R_3'(x_0)=R_3'(x_1)=0.$$

不妨设

$$R_3(x)=K(x)(x-x_0)^2(x-x_1)^2,$$

构造函数

$$\varphi(t)=f(t)-p_3(t)-K(x)(t-x_0)^2(t-x_1)^2,$$

则 x_0,x_1 是 $\varphi(t)$ 的二重零点，$x\in(x_0,x_1)$ 是另一个零点. 对 $\varphi(t)$ 多次运用罗尔定理，则存在 $\xi\in(x_0,x_1)$，使得 $\varphi^{(4)}(\xi)=0$. 而

$$\varphi^{(4)}(t)=f^{(4)}(t)-K(x)4!,$$

因此 $K(x)=\dfrac{f^{(4)}(\xi)}{24}$，即

$$R_3(x)=\frac{f^{(4)}(\xi)}{24}(x-x_0)^2(x-x_1)^2.$$

4.3 教材习题解析

1. 已知函数 $f(x)=e^x$，$0\leqslant x\leqslant 2$.

(1) 取节点为 $x_0=0,x_1=0.5$，采用线性插值计算 $f(0.25)$；

(2) 取节点为 $x_0=0,x_1=1,x_2=2$，采用 2 次插值计算 $f(0.25)$.

已知 $e^{0.25}\approx 1.28402541668774$，上面哪种方法的近似效果好？为什么？

解 (1) 此时数据为

$$x_0=0,\quad x_1=0.5,\quad y_0=1,\quad y_1=1.64872,$$

对应的线性插值为

$$L_1(x)=y_0\frac{x-x_1}{x_0-x_1}+y_1\frac{x-x_0}{x_1-x_0}=1+1.29744x,$$

计算得到 $L_1(0.25)=1.32436$.

(2) 此时数据为

$$x_0=0,\quad x_1=1,\quad x_2=2,$$
$$y_0=1,\quad y_1=2.71828,\quad y_2=7.38906,$$

对应的二次插值为

$$\begin{aligned}L_2(x)&=y_0\frac{(x-x_1)(x-x_2)}{(x_0-x_1)(x_0-x_2)}+y_1\frac{(x-x_0)(x-x_2)}{(x_1-x_0)(x_1-x_2)}\\&\quad+y_2\frac{(x-x_0)(x-x_1)}{(x_2-x_0)(x_2-x_1)}\\&=1+0.24203x+1.47625x^2,\end{aligned}$$

计算得到 $L_2(0.25)=1.15277$.

两种方法的误差分别为

$$e_1=-0.040335,\quad e_2=0.131255,$$

显然方法(1) 更好. 根据

$$R_n(x)=f(x)-p_n(x)=\frac{f^{(n+1)}(\xi)}{(n+1)!}W_{n+1}(x),$$

尽管方法(2) 采用了更多的插值节点，但节点组远离目标点，因而误差大. 这说明并不是节点个数越多越好，还要考虑目标点与插值节点组的关系.

2. 设函数 $y=\cos x, x\in[0,1.2]$，考虑如下问题：

(1) 以 0，0.6，1.2 为节点，构造 2 次插值多项式 $p_2(x)$ 并估算误差限；

(2) 以 0，0.4，0.8，1.2 为节点，构造 3 次插值多项式 $p_3(x)$ 并估算误差限.

解　(1) 此时的数据为

$$x_0=0,\quad x_1=0.6,\quad x_2=1.2,$$
$$y_0=1.0,\quad y_1=0.825336,\quad y_2=0.362358,$$

则 2 次插值多项式为

$$\begin{aligned}p_2(x)&=y_0\frac{(x-x_1)(x-x_2)}{(x_0-x_1)(x_0-x_2)}+y_1\frac{(x-x_0)(x-x_2)}{(x_1-x_0)(x_1-x_2)}\\&\quad+y_2\frac{(x-x_0)(x-x_1)}{(x_2-x_0)(x_2-x_1)}\\&=1-0.0508461x-0.400435x^2.\end{aligned}$$

根据误差关系式

$$\begin{aligned}R_2(x)&=\frac{f^{(3)}(\xi)}{3!}(x-x_0)(x-x_1)(x-x_2)\\&=\frac{f^{(3)}(\xi)}{6}(0.72x-1.8x^2+x^3),\end{aligned}$$

可得

$$|R_2(x)|\leqslant\frac{|0.72x-1.8x^2+x^3|}{6}\leqslant\frac{0.0831384}{6}=0.0138564.$$

注　如果导数用 sin1.2 估算也是可以的，此时结果为 0.0129147.

(2) 此时的数据为

$$x_0=0,\quad x_1=0.4,\quad x_2=0.8,\quad x_3=1.2,$$
$$y_0=1.0,\quad y_1=0.921061,\quad y_2=0.696707,\quad y_3=0.362358,$$

则 3 次插值多项式为

$$\begin{aligned}p_3(x)&=y_0\frac{(x-x_1)(x-x_2)(x-x_3)}{(x_0-x_1)(x_0-x_2)(x_0-x_3)}\\&\quad+y_1\frac{(x-x_0)(x-x_2)(x-x_3)}{(x_1-x_0)(x_1-x_2)(x_1-x_3)}\\&\quad+y_2\frac{(x-x_0)(x-x_1)(x-x_3)}{(x_2-x_0)(x_2-x_1)(x_2-x_3)}\\&\quad+y_3\frac{(x-x_0)(x-x_1)(x-x_2)}{(x_3-x_0)(x_3-x_1)(x_3-x_2)}\\&=1+0.0139388x-0.565112x^2+0.0922412x^3.\end{aligned}$$

根据误差关系式

$$R_3(x)=\frac{f^{(4)}(\xi)}{4!}(x-x_0)(x-x_1)(x-x_2)(x-x_3)$$
$$=\frac{f^{(4)}(\xi)}{24}(-0.384x+1.76x^2-2.4x^3+x^4),$$

可得

$$|R_3(x)|\leqslant\frac{|-0.384x+1.76x^2-2.4x^3+x^4|}{24}$$
$$\leqslant\frac{0.0256}{24}=0.00106667.$$

3. 已知数据如下：

x	3	1	5	6	4
y	1	−3	2	4	3

请给出相应的 Newton 型插值多项式.

解　构造差商表如下：

k	x_k	0 阶	1 阶	2 阶	3 阶	4 阶
0	3	1	2	$-\frac{3}{8}$	$\frac{7}{40}$	$\frac{11}{40}$
1	1	−3	$\frac{5}{4}$	$\frac{3}{20}$	$\frac{9}{20}$	
2	5	2	2	$\frac{3}{2}$		
3	6	4	$\frac{1}{2}$			
4	4	3				

可得插值多项式为

$$N_4(x)=1+2(x-3)-\frac{3}{8}(x-3)(x-1)+\frac{7}{40}(x-3)(x-1)(x-5)$$
$$+\frac{11}{40}(x-3)(x-1)(x-5)(x-6),$$

化简后则为

$$N_4(x)=16-\frac{691x}{20}+\frac{769x^2}{40}-\frac{79x^3}{20}+\frac{11x^4}{40}.$$

4. 证明方程 $x-9^{-x}=0$ 在区间 $[0,1]$ 内有唯一的根. 给出该方程左端函数在节点 0,0.5,1 上的插值多项式 $p_2(x)$，并由此计算方程根的近似值.

解　根据题意,设 $y=f(x)=x-9^{-x}$,则

$$y'=1+9^{-x}\ln 9>0,\quad x\in[0,1],$$

可知 $f(x)$ 在区间 $[0,1]$ 上严格单调增加. 又 $f(0)=-1$, $f(1)=\frac{8}{9}$,因此原方程在 $[0,1]$ 内有唯一的根.

插值数据为

$$x_0=0,\quad x_1=0.5,\quad x_2=1,$$
$$y_0=-1,\quad y_1=0.166667,\quad y_2=0.888889,$$

其对应的 2 次插值多项式为

$$\begin{aligned}p_2(x)&=y_0\cdot\frac{(x-x_1)(x-x_2)}{(x_0-x_1)(x_0-x_2)}+y_1\cdot\frac{(x-x_0)(x-x_2)}{(x_1-x_0)(x_1-x_2)}\\&\quad+y_2\cdot\frac{(x-x_0)(x-x_1)}{(x_2-x_0)(x_2-x_1)}\\&=-1+2.77778x-0.888889x^2,\end{aligned}$$

容易计算 $p_2(x)=0$ 在 $[0,1]$ 中的根为 0.415153.

注　事实上,原方程的根为 0.408004,误差大概为 −0.00715.

5. (Muller 法) 一个求解 $f(x)=0$ 的迭代算法如下:设 $q_2(x)$ 是以

$$x_{n-2},\quad x_{n-1},\quad x_n$$

为节点的插值多项式,取 x_{n+1} 为 $q_2(x)$ 最靠近 x_n 的根. 请推导具体公式.

解　记 $h_0=x_{n-2}-x_n$, $h_1=x_{n-1}-x_n$,且令 $t=x-x_n$. 假设

$$q_2(x)=y=at^2+bt+c,$$

则代入数据得到

$$\begin{aligned}t=h_0&\Rightarrow ah_0^2+bh_0+c=f(x_{n-2}),\\t=h_1&\Rightarrow ah_1^2+bh_1+c=f(x_{n-1}),\\t=0&\Rightarrow a\cdot 0^2+b\cdot 0+c=f(x_n),\end{aligned}$$

得到 $c=f(x_n)$. 再记

$$e_0=f(x_{n-2})-f(x_n),\quad e_1=f(x_{n-1})-f(x_n),$$

则得方程组

$$\begin{cases}ah_0^2+bh_0=e_0,\\ah_1^2+bh_1=e_1,\end{cases}$$

解得

$$a=\frac{e_0h_1-e_1h_0}{h_1h_0^2-h_0h_1^2},\quad b=\frac{e_1h_0^2-e_0h_1^2}{h_1h_0^2-h_0h_1^2},$$

再求解 $at^2+bt+c=0$ 得到

$$t=\frac{-2c}{b\pm\sqrt{b^2-4ac}}.$$

这个公式同标准求根公式等价,但 $c=f(x_n)$,因此更简洁.

选取较小的 t 的方法如下：

- 如果 $b>0$，选择 $t=\dfrac{-2c}{b+\sqrt{b^2-4ac}}$；
- 如果 $b<0$，选择 $t=\dfrac{-2c}{b-\sqrt{b^2-4ac}}$；
- 如果 $b=0$，选择与 x_n 同号的 t.

最后得到 $x_{n+1}=x_n+t$. 此时从 $\{x_{n-2},x_{n-1},x_n\}$ 中选择最靠近 x_{n+1} 的两点与它组成迭代序列，也即放弃了离 x_{n+1} 最远的一点.

注 Muller 法具有以下特点：

- 整个计算流程需要多次进行迭代运算，但每次的计算量都不大；
- 可以用来求实零点或复零点，也可用于复数运算；
- 求实根时可能会遇到复数近似值，但其虚部很小，可设为 0；
- 单根时该法快于割线法，基本接近牛顿法；
- 同割线法一样，该法不需要计算导数.

6. 已知函数数据表如下：

x	0	0.2	0.4	0.6	0.8
$f(x)$	0.1995	0.3965	0.5881	0.7721	0.9461

试求方程 $f(x)=0.4500$ 的根的近似值.

提示 本题相当于方程求根问题，但先插值再求根工作量较大. 可以考虑把数据对调进行反插值，变成求值问题.

解 将数据表变为

y	0.1995	0.3965	0.5881	0.7721	0.9461
x	0	0.2	0.4	0.6	0.8

构造差商表如下：

k	y_k	0 阶	1 阶	2 阶	3 阶	4 阶
0	0.1995	0	1.015228	0.073631	0.071884	0.049209
1	0.3965	0.2	1.043841	0.114792	0.108624	
2	0.5881	0.4	1.086957	0.174492		
3	0.7721	0.6	1.149425			
4	0.9461	0.8				

则

$$\begin{aligned}x \approx\ & 0+1.015228(0.45-0.1995) \\ & +0.07631(0.45-0.1995)(0.45-0.3965) \\ & +0.071884(0.45-0.1995)(0.45-0.3965)(0.45-0.5881) \\ & +0.049209(0.45-0.1995)(0.45-0.3965)\cdots(0.45-0.7721) \\ =\ & 0.255234.\end{aligned}$$

注　因为本题数据是单调的,即 $y=f(x)$ 的反函数存在,故可利用此方法.

7. 确定次数不超过 4 的多项式 $p(x)$,使其满足

$$p(0)=p'(0)=0,\quad p(1)=p'(1)=1,\quad p(2)=2.$$

解法 1　构造差商表如下:

k	x_k	$f(x_k)$	1 阶	2 阶	3 阶	4 阶
0	0	0	0	1	-1	$\frac{1}{2}$
1	0	0	1	0	0	
2	1	1	1	0		
3	1	1	1			
4	2	2				

因此

$$p(x)=x^2-x^2(x-1)+\frac{1}{2}x^2(x-1)^2=\frac{5}{2}x^2-2x^3+\frac{x^4}{2}.$$

解法 2　先构造一个次数不超过 2 的多项式 $p_2(x)$,使其满足

$$p_2(0)=0,\quad p_2(1)=1,\quad p_2(2)=2,$$

很显然 $p_2(x)=x$. 因此

$$p(x)-x=(Ax+B)x(x-1)(x-2),$$

即

$$p(x)=x+(Ax+B)x(x-1)(x-2).$$

再利用导数条件可得

$$1+2B=0,\quad 1-A-B=1,$$

解得 $A=\frac{1}{2}$, $B=-\frac{1}{2}$,因此

$$p(x)=\frac{1}{2}(x-2)x(x-1)^2+x=\frac{5}{2}x^2-2x^3+\frac{x^4}{2}.$$

8. 确定次数不超过 3 的多项式 $p(x)$,使其满足

$$p(0)=1,\quad p(1)=2,\quad p''(0)=3,\quad p''(1)=5.$$

解 注意到 $p''(x)$ 是 1 次式,则由已知条件可得

$$p''(x)=2x+3,$$

两边积分可得

$$p'(x)=x^2+3x+a,$$

再两边积分可得

$$p(x)=\frac{x^3}{3}+\frac{3x^2}{2}+ax+b,$$

其中 a, b 待定. 代入 $p(0)=1$, $p(1)=2$ 得到

$$\begin{cases} b=1, \\ \dfrac{1}{3}+\dfrac{3}{2}+a+b=2, \end{cases}$$

解得 $a=-\dfrac{5}{6}$,$b=1$,因此

$$p(x)=\frac{x^3}{3}+\frac{3x^2}{2}-\frac{5x}{6}+1.$$

9. 如果对函数 $f(x)=\cos x$ 进行等距节点上的分段线性插值,要使得误差不超过 0.5×10^{-7},则步长应当选为多大?

解 设等分后的步长为 h,且设进行插值的区间为$[a,b]$. 根据误差关系以及

$$f''(x)=-\cos x,$$

则 h 应满足

$$\frac{h^2}{8}\max_{a\leqslant x\leqslant b}|f''(x)|\leqslant\frac{h^2}{8}\leqslant 0.5\times10^{-7},$$

得到

$$h\leqslant\frac{\sqrt{10}}{5000}\approx 0.000632456,$$

即步长 h 不超过 0.000632456.

10. 确定 a,b,c,d,使得 $S(x)$ 是定义在$[0,2]$上的自然三次样条,其中

$$S(x)=\begin{cases} 1+2x-x^3, & x\in[0,1), \\ a+b(x-1)+c(x-1)^2+d(x-1)^3, & x\in[1,2]. \end{cases}$$

解 如果 $S(x)$ 是自然三次样条,则它应满足

$$S''(0)=S''(2)=0,$$

$$S(1^-)=S(1^+),\quad S'(1^-)=S'(1^+),\quad S''(1^-)=S''(1^+).$$

其中 $S''(0)=0$ 已经满足,进一步可得

$$1+2x-x^3\Big|_{x=1}=2=a=a+b(x-1)+c(x-1)^2+d(x-1)^3\Big|_{x=1},$$

$$2-3x^2\Big|_{x=1}=-1=b=b+2c(x-1)+3d(x-1)^2\Big|_{x=1},$$

$$-6x\Big|_{x=1}=-6=2c=2c+6d(x-1)\Big|_{x=1},$$

$$0=6d+2c=2c+6d(x-1)\Big|_{x=2},$$

解得 $a=2$, $b=-1$, $c=-3$, $d=1$.

11. 对于给定的插值条件：

x	0	1	2	3
y	0	1	1	0

试求满足 $S''(0)=1$, $S''(3)=2$ 的三次插值样条函数.

解　根据题意,设

$$M_0=S''(0)=1,\quad M_1=S''(1),\quad M_2=S''(2),\quad M_3=S''(3)=2.$$

在区间[0,1]上,有

$$S_1''(x)=(M_1-1)x+1,$$

$$S_1'(x)=\frac{M_1-1}{2}x^2+x+A_1,$$

$$S_1(x)=\frac{M_1-1}{6}x^3+\frac{x^2}{2}+A_1x+B_1,$$

则

$$S_1(0)=0\Rightarrow B_1=0,$$

$$S_1(1)=1\Rightarrow\frac{M_1-1}{6}+\frac{1}{2}+A_1=1\Rightarrow A_1=\frac{2}{3}-\frac{M_1}{6},$$

$$S_1'(x)=\frac{M_1-1}{2}x^2+x+\frac{2}{3}-\frac{M_1}{6},$$

$$S_1'(1^-)=\frac{M_1-1}{2}+1+\frac{2}{3}-\frac{M_1}{6}=\frac{M_1}{3}+\frac{7}{6}.$$

在区间[1,2]上,有

$$S_2''(x)=(M_2-M_1)(x-1)+M_1,$$

$$S_2'(x)=\frac{M_2-M_1}{2}(x-1)^2+M_1(x-1)+A_2,$$

$$S_2(x)=\frac{M_2-M_1}{6}(x-1)^3+\frac{M_1}{2}(x-1)^2+A_2(x-1)+B_2,$$

则

$$S_2(1)=1\Rightarrow B_2=1,$$

$$S_2(2)=1\Rightarrow\frac{M_2-M_1}{6}+\frac{M_1}{2}+A_2+B_2=1\Rightarrow A_2=-\frac{M_1}{3}-\frac{M_2}{6},$$

$$S_2'(x)=\frac{M_2-M_1}{2}(x-1)^2+M_1(x-1)-\frac{M_1}{3}-\frac{M_2}{6},$$

$$S_2'(1^+)=-\frac{M_1}{3}-\frac{M_2}{6},$$

$$S_2'(2^-)=\frac{M_2-M_1}{2}+M_1-\frac{M_1}{3}-\frac{M_2}{6}=\frac{M_2}{3}+\frac{M_1}{6}.$$

在区间[2,3]上,有

$$S_3''(x)=(2-M_2)(x-3)+2,$$

$$S_3'(x)=\frac{2-M_2}{2}(x-3)^2+2(x-3)+A_3,$$

$$S_3(x)=\frac{2-M_2}{6}(x-3)^3+(x-3)^2+A_3(x-3)+B_3,$$

则

$$S_3(3)=0\Rightarrow B_3=0,$$

$$S_3(2)=1\Rightarrow\frac{M_2-2}{6}+1-A_3=1\Rightarrow A_3=\frac{M_2}{6}-\frac{1}{3},$$

$$S_3'(x)=\frac{2-M_2}{2}(x-3)^2+2(x-3)+\frac{M_2}{6}-\frac{1}{3},$$

$$S_3'(2^+)=\frac{2-M_2}{2}-2+\frac{M_2}{6}-\frac{1}{3}=-\frac{M_2}{3}-\frac{4}{3}.$$

综上,得到关于 M_1, M_2 的方程组为

$$\begin{cases}\dfrac{2M_1}{3}+\dfrac{M_2}{6}=-\dfrac{7}{6},\\[2ex]\dfrac{M_1}{6}+\dfrac{2M_2}{3}=-\dfrac{4}{3},\end{cases}$$

解得 $M_1=-\frac{4}{3}$, $M_2=-\frac{5}{3}$,从而

$$S(x)=\begin{cases}-\dfrac{7x^3}{18}+\dfrac{x^2}{2}+\dfrac{8x}{9}, & x\in[0,1),\\[2ex]-\dfrac{1}{18}(x-1)^3-\dfrac{2}{3}(x-1)^2+\dfrac{13}{18}(x-1)+1, & x\in[1,2),\\[2ex]\dfrac{11}{18}(x-3)^3+(x-3)^2-\dfrac{11}{18}(x-3), & x\in[2,3].\end{cases}$$

注 本题解法同教材中的方法不一样,在构造二阶导函数时采用了 Newton 插值,也即直线的点斜式方程.

12. 求函数 $y=\cos x$ 在 $\left[0,\frac{\pi}{2}\right]$ 上的一次最佳一致逼近多项式.

解　因为 $f''(x)=-\cos x$ 在 $\left(0,\frac{\pi}{2}\right)$ 内保号，所以

$$f(x)-p_1(x)=f(x)-a-bx$$

在 $\left[0,\frac{\pi}{2}\right]$ 内有 3 个偏差点 $0,x_1,\frac{\pi}{2}$. 又因为

$$f(0)-p_1(0)=-[f(x_1)-p_1(x_1)]=f\left(\frac{\pi}{2}\right)-p_1\left(\frac{\pi}{2}\right),$$

$$f'(x_1)-p_1'(x_1)=0,$$

所以

$$1-a=-\cos x_1+a+bx_1=-a-\frac{\pi}{2}b,$$

$$\sin x_1+b=0.$$

由上可得

$$b=-\frac{2}{\pi}\approx 0.63662,$$

$$a=\frac{1}{2}\left(1+\sqrt{1-\frac{4}{\pi^2}}\right)+\frac{1}{\pi}\arcsin\frac{2}{\pi}\approx 1.10526,$$

从而一次最佳一致逼近多项式为

$$p_1(x)=1.10526+0.63662x.$$

13. 求 a,b，使得 $\int_{-1}^{1}(|x|-a-bx^2)^2\mathrm{d}x$ 取最小值.

解　该问题即求 $f(x)=|x|$ 在 $[-1,1]$ 上形如

$$p(x)=a+bx^2$$

的最佳平方逼近多项式. 令 $\varphi_0(x)=1$，$\varphi_1(x)=x^2$，则

$$(\varphi_0,\varphi_0)=\int_{-1}^{1}1\mathrm{d}x=2,\quad(\varphi_0,\varphi_1)=\int_{-1}^{1}x^2\mathrm{d}x=\frac{2}{3},$$

$$(\varphi_1,\varphi_1)=\int_{-1}^{1}x^4\mathrm{d}x=\frac{2}{5},\quad(f,\varphi_0)=\int_{-1}^{1}|x|\mathrm{d}x=1,$$

$$(f,\varphi_1)=\int_{-1}^{1}|x|\cdot x^2\mathrm{d}x=\frac{1}{2},$$

从而正规方程组的矩阵形式为

$$\begin{bmatrix}2 & \frac{2}{3}\\ \frac{2}{3} & \frac{2}{5}\end{bmatrix}\begin{bmatrix}a\\ b\end{bmatrix}=\begin{bmatrix}1\\ \frac{1}{2}\end{bmatrix},$$

解得 $a=\frac{3}{16}$，$b=\frac{15}{16}$.

14. 证明:对于任意的一次多项式 $q(x)$,必有

$$\int_{-1}^{1}(x^3-q(x))^2\mathrm{d}x \geqslant \frac{8}{175}.$$

证明 先计算 $f(x)=x^3$ 在$[-1,1]$上的一次最佳平方逼近多项式

$$p_1(x)=a+bx.$$

令 $\varphi_0(x)=1$, $\varphi_1(x)=x$,则

$$(\varphi_0,\varphi_0)=\int_{-1}^{1}1\mathrm{d}x=2,\quad (\varphi_0,\varphi_1)=\int_{-1}^{1}x\,\mathrm{d}x=0,$$

$$(\varphi_1,\varphi_1)=\int_{-1}^{1}x^2\mathrm{d}x=\frac{2}{3},\quad (f,\varphi_0)=\int_{-1}^{1}x^3\mathrm{d}x=0,$$

$$(f,\varphi_1)=\int_{-1}^{1}x^4\mathrm{d}x=\frac{2}{5},$$

从而正规方程组的矩阵形式为

$$\begin{bmatrix}2 & 0\\ 0 & \frac{2}{3}\end{bmatrix}\begin{bmatrix}a\\ b\end{bmatrix}=\begin{bmatrix}0\\ \frac{2}{5}\end{bmatrix},$$

解得 $a=0$, $b=\frac{3}{5}$. 此时

$$\int_{-1}^{1}\left(x^3-\frac{3}{5}x\right)^2\mathrm{d}x=\frac{8}{175},$$

因此对于任意的一次多项式 $q(x)$,必有

$$\int_{-1}^{1}(x^3-q(x))^2\mathrm{d}x \geqslant \frac{8}{175}.$$

15. 已知如下数据:

x_i	19	25	31	38	45
y_i	19.0	32.3	49.0	73.3	98.2

用最小二乘法求形如 $y=a+bx^2$ 的经验公式.

解 选择 $1,x^2$ 作为基函数,则

$$\boldsymbol{\varphi}_0=\begin{bmatrix}1\\1\\1\\1\\1\end{bmatrix},\quad \boldsymbol{\varphi}_1=\begin{bmatrix}361\\625\\961\\1444\\2025\end{bmatrix},\quad \boldsymbol{y}=\begin{bmatrix}19.0\\32.3\\49.0\\73.3\\98.2\end{bmatrix},$$

从而可得正规方程组的矩阵形式为

$$\begin{bmatrix}5 & 5416\\ 5416 & 7630228\end{bmatrix}\begin{bmatrix}a\\ b\end{bmatrix}=\begin{bmatrix}271.8\\ 378835.7\end{bmatrix},$$

解得 $a=2.50869$, $b=0.0478686$,则经验公式为

$$y=2.50869+0.0478686x^2.$$

16. 给定数据表如下:

x	1	2	3	4
y	1.2	1.5	2	3

用最小二乘法求形如 $y=\ln(ax^2+b)$ 的经验公式.

解　把给定的数据表变为

x	1	2	3	4
$Y=e^y$	3.32012	4.48169	7.38906	20.0855

问题转化为求 $Y=ax^2+b$ 的最小二乘解. 取 $\varphi_0(x)=1, \varphi_1(x)=x^2$,则

$$\boldsymbol{\varphi}_0=(1,1,1,1)^{\mathrm{T}}, \quad \boldsymbol{\varphi}_1=(1,4,9,16)^{\mathrm{T}},$$

$$\boldsymbol{Y}=(3.32012,4.48169,7.38906,20.0855)^{\mathrm{T}},$$

从而可得正规方程组的矩阵形式为

$$\begin{bmatrix}4 & 30\\ 30 & 354\end{bmatrix}\begin{bmatrix}b\\ a\end{bmatrix}=\begin{bmatrix}35.2764\\ 409.117\end{bmatrix},$$

解得 $b=0.415379$, $a=1.1205$,因此 $Y=1.1205x^2+0.415379$,即得

$$y=\ln(1.1205x^2+0.415379).$$

17. 求下面超定方程组的最小二乘解:

$$\begin{bmatrix}1 & 0 & 0\\ 1 & 1 & 1\\ 1 & 2 & 4\\ 1 & 3 & 9\end{bmatrix}\begin{bmatrix}x\\ y\\ z\end{bmatrix}=\begin{bmatrix}3\\ 2\\ 4\\ 4\end{bmatrix}.$$

解　超定方程组的系数矩阵和右端向量分别为

$$\boldsymbol{A}=\begin{bmatrix}1 & 0 & 0\\ 1 & 1 & 1\\ 1 & 2 & 4\\ 1 & 3 & 9\end{bmatrix}, \quad \boldsymbol{b}=\begin{bmatrix}3\\ 2\\ 4\\ 4\end{bmatrix},$$

可得

$$\boldsymbol{A}^{\mathrm{T}}\boldsymbol{A}=\begin{bmatrix}4 & 6 & 14\\ 6 & 14 & 36\\ 14 & 36 & 98\end{bmatrix}, \quad \boldsymbol{A}^{\mathrm{T}}\boldsymbol{b}=\begin{bmatrix}13\\ 22\\ 54\end{bmatrix},$$

从而正规方程组的矩阵形式为

$$\begin{bmatrix} 4 & 6 & 14 \\ 6 & 14 & 36 \\ 14 & 36 & 98 \end{bmatrix} \begin{bmatrix} x \\ y \\ z \end{bmatrix} = \begin{bmatrix} 13 \\ 22 \\ 54 \end{bmatrix},$$

解得 $x=\dfrac{11}{4}, y=-\dfrac{1}{4}, z=\dfrac{1}{4}$.

4.4 补充练习

1. 设 $f(x)=2x^4+x^3-1$,试用插值余项公式写出以 $-1,0,1,2$ 为插值节点的 3 次插值多项式.

提示 答案为

$$\begin{aligned} p_3(x) &= f(x)-\frac{f^{(4)}(\xi)}{4!}(x+1)x(x-1)(x-2) \\ &= 5x^3+2x^2-4x-1. \end{aligned}$$

2. 设 $f(x)$ 是 3 次多项式,且

$$\lim_{x\to 2a}\frac{f(x)}{x-2a}=\lim_{x\to 4a}\frac{f(x)}{x-4a}=1 \quad (a\neq 0),$$

求极限 $\lim\limits_{x\to 3a}\dfrac{f(x)}{x-3a}$.

解 根据条件可得

$$f(2a)=f(4a)=0, \quad f'(2a)=f'(4a)=1.$$

由于 $f'(x)$ 是 2 次多项式,则必有

$$f'(x)=A(x-3a)^2+B(x-3a)+C \Rightarrow Aa^2+C=1,\ B=0.$$

再对 $f'(x)$ 两边积分,可得

$$f(x)=\frac{A}{3}(x-3a)^3+C(x-3a)+D \Rightarrow D=0,\ C=-\frac{1}{2}.$$

最后由洛必达法则,即得极限为 $-\dfrac{1}{2}$.

注 本题也可以通过 Hermite 插值直接求出 $f(x)$.

第 5 章　数值积分与数值微分

5.1　内容提要

5.1.1　积分与数值积分

1. 定积分是高等数学中最重要的概念之一，它可以用来计算不规则区域的面积和体积等. 定积分的定义如下：

定义 5.1　给定有界函数 $f(x)$ 以及区间 $[a,b]$，任取一组分点

$$a=x_0<x_1<x_2<\cdots<x_{n-1}<x_n=b,$$

把 $[a,b]$ 分成 n 个小区间$[x_i,x_{i+1}]$$(i=0,1,\cdots,n-1)$，任取 $\xi_i\in[x_i,x_{i+1}]$，令

$$R_n=\sum_{i=0}^{n-1}f(\xi_i)\Delta x_i,\quad \Delta x_i=x_{i+1}-x_i,$$

再设 $\lambda=\max\limits_{0\leqslant i\leqslant n-1}\{\Delta x_i\}$，如果不论区间 $[a,b]$ 怎么分以及 ξ_i 如何选取，只要 $\lambda\to 0$ 时和式 $R_n=\sum\limits_{i=0}^{n-1}f(\xi_i)\Delta x_i$ 的极限都存在，则把它称为函数 $f(x)$ 在区间 $[a,b]$ 上的定积分，记为

$$I=\int_a^b f(x)\mathrm{d}x=\lim_{\lambda\to 0}\sum_{i=0}^{n-1}f(\xi_i)\Delta x_i.$$

和式 $R_n=\sum\limits_{i=0}^{n-1}f(\xi_i)\Delta x_i$称为 **Riemann 和.**

通常来说，只要函数 $f(x)$ 满足连续、分段连续、单调三者之一，它的定积分总是存在的.

2. Riemann 和不能用来近似计算定积分.

• 为了得到较好的近似效果，ξ_i 和 x_i 通常都要**有针对性地进行选取**，但到底如何选取是无法确定的.

• n 通常都会比较大，这意味着需要多次计算 $f(x)$ 的函数值. 而数值计算的目的就在于如何用较低的成本得到较高精度的结果，**对积分来说，计算成本就是用被积函数 $f(x)$ 函数值的计算次数来衡量的.**

3. 牛顿-莱布尼茨公式等解析方法同样具有很多的局限性，如没有解析解、表达式复杂、没有函数表达式等.

4. 积分的应用是无处不在的，并且应用范围早就超越了最初的几何学、物理学等领域.

5. 如果无法得到相应的解析解，那么只能采用数值求积分的方法. 定积分

$$I(f)=\int_a^b f(x)\mathrm{d}x$$

的数值计算方法通常称为**数值求积**(**Numerical Quadrature**).

6. 当被积函数具有扰动时，它的**绝对条件数**是 $b-a$，这意味着积分的条件性通常都是令人满意的.

7. 数值求积分常见的思路有两种：

• 如果 $\hat{f}(x)\approx f(x)$，则

$$\int_a^b \hat{f}(x)\mathrm{d}x\approx\int_a^b f(x)\mathrm{d}x$$

是否成立？通常我们会选择插值多项式

$$p_n(x)\approx f(x),$$

由此可以得到插值型求积公式.

• 从 Riemann 和出发，假设有一种数值积分格式为

$$I_n(f)=\sum_{k=0}^{n}B_k f(x_k)\approx\int_a^b f(x)\mathrm{d}x,$$

再要求上述格式能够对 $1,x,x^2,\cdots,x^n$ 精确成立. 这就是数值求积分时的**待定系数法**.

注 上面**两种思路是等价的**. 事实上，它们**各有优缺点**. 使用时，恰当的选取将有助于我们对数值求积公式的理解.

5.1.2 插值型求积公式

1. 假设给定节点组

$$a\leqslant x_0<x_1<\cdots<x_n\leqslant b,$$

函数 $f(x)$ 在其上的 Lagrange 插值函数可以表示为

$$L_n(x)=\sum_{k=0}^{n}f(x_k)l_k(x)=\sum_{k=0}^{n}f(x_k)\prod_{j=0\text{且}j\neq k}^{n}\frac{x-x_j}{x_k-x_j},$$

那么

$$I(f)=\int_a^b f(x)\mathrm{d}x\approx\int_a^b L_n(x)\mathrm{d}x=\sum_{k=0}^{n}f(x_k)\int_a^b l_k(x)\mathrm{d}x=I_n(f),$$

其中 $I_n(f)$ 称为**插值型求积公式**，而

$$A_k=\int_a^b l_k(x)\mathrm{d}x$$

称为 $I_n(f)$ 的**权系数**.

2. 利用插值多项式的误差余项公式

$$R_n(x)=f(x)-L_n(x)=\frac{f^{(n+1)}(\xi)}{(n+1)!}W_{n+1}(x),$$

可以得到

$$\begin{aligned}I(f)-I_n(f)&=\int_a^b(f(x)-L_n(x))\mathrm{d}x\\&=\int_a^b\frac{f^{(n+1)}(\xi(x))}{(n+1)!}\prod_{k=0}^{n}(x-x_k)\mathrm{d}x,\end{aligned}$$

这就是插值型求积公式的误差公式.

3. 等距节点上的插值型求积公式.

- 将 $[a,b]$ 作 n 等分,步长为 $h=\dfrac{b-a}{n}$,节点为

$$x_k=a+kh\quad(k=0,1,\cdots,n),$$

则

$$\begin{aligned}A_k&=\int_a^b l_k(x)\mathrm{d}x=\int_a^b\prod_{j=0且j\neq k}^{n}\frac{x-x_j}{x_k-x_j}\mathrm{d}x\\&=h\int_0^n\prod_{j=0且j\neq k}^{n}\frac{t-j}{k-j}\mathrm{d}t=\frac{(-1)^{n-k}h}{k!(n-k)!}\int_0^n\prod_{j=0且j\neq k}^{n}(t-j)\mathrm{d}t\\&=(b-a)\frac{(-1)^{n-k}}{n\cdot k!(n-k)!}\int_0^n\prod_{j=0且j\neq k}^{n}(t-j)\mathrm{d}t,\quad k=0,1,\cdots,n.\end{aligned}$$

- 记

$$C_{n,k}=\frac{(-1)^{n-k}}{n\cdot k!(n-k)!}\int_0^n\prod_{j=0且j\neq k}^{n}(t-j)\mathrm{d}t,\quad k=0,1,\cdots,n,$$

则得到所谓的 **Newton-Cotes 公式**:

$$I_n(f)=(b-a)\sum_{k=0}^{n}C_{n,k}f(x_k).$$

- 权系数 $C_{n,k}$ 只依赖与 k 和 n,**同被积函数 $f(x)$ 无关,同积分区间 $[a,b]$ 或者插值节点也无关**. 并且针对不同的 n,k,它**可以事先算好**.

4. 常用求积公式.

- **单点型**:

$$\int_a^b f(x)\mathrm{d}x\approx f(a)(b-a)\quad(\textbf{左矩形公式}),$$

$$\int_a^b f(x)\mathrm{d}x\approx f(b)(b-a)\quad(\textbf{右矩形公式}),$$

$$\int_a^b f(x)\mathrm{d}x\approx(b-a)f\left(\frac{a+b}{2}\right)=M(f)\quad(\textbf{中点公式}).$$

- **梯形公式**:

$$\int_a^b f(x)\mathrm{d}x \approx \frac{b-a}{2}(f(a)+f(b))=T(f).$$

- **Simpson 公式**:

$$\int_a^b f(x)\mathrm{d}x \approx \frac{b-a}{6}\left(f(a)+4f\left(\frac{a+b}{2}\right)+f(b)\right)=S(f).$$

- **Cotes 公式**:

$$C(f)=\frac{b-a}{90}\left(7f(a)+32f\left(\frac{3a+b}{4}\right)+12f\left(\frac{a+b}{2}\right)\right.$$

$$\left.+32f\left(\frac{a+3b}{4}\right)+7f(b)\right).$$

5. 代数精度.

代数精度和求积公式的精确程度之间**有一定的相关性**. 给定数值格式:

$$I_n(f)=\sum_{k=0}^{n}A_k f(x_k) \approx I(f)=\int_a^b f(x)\mathrm{d}x.$$

定义 5.2(代数精度) 如果当 $f(x)$ 是任意次数不超过 m 的多项式时求积公式精确成立,而**至少对某一个** $m+1$ 次多项式不精确成立,则称求积公式的**代数精度**是 m.

6. 求积公式

$$I_n(f)=\sum_{k=0}^{n}A_k f(x_k)$$

至少具有 n 次代数精度 $\Leftrightarrow$ 该求积公式是插值型的,即

$$A_k=\int_a^b l_k(x)\mathrm{d}x, \quad k=0,1,\cdots,n.$$

7. 判断代数精度的数学定理.

定理 5.1 求积公式

$$I(f) \approx I_n(f)=\sum_{k=0}^{n}A_k f(x_k)$$

的代数精度是 m **当且仅当**它对

$$1,\ x,\ x^2,\ \cdots,\ x^m$$

精确成立,而恰恰对 x^{m+1} 不精确成立. 即

$$I(x^k)=I_n(x^k),\ k=0,1,\cdots,m;\quad I(x^{m+1})\neq I_n(x^{m+1}).$$

8. Newton-Cotes 公式的代数精度.

定理 5.2 $n+1$ 个节点的 Newton-Cotes 公式的代数精度为

$$\begin{cases} n, & n \text{ 是奇数}, \\ n+1, & n \text{ 是偶数}. \end{cases}$$

9. 左矩形公式的截断误差为

$$\int_a^b f(x)\mathrm{d}x - f(a)(b-a) = \frac{f'(\eta)}{2}(b-a)^2, \quad \eta \in (a,b).$$

10. 右矩形公式的截断误差为

$$\int_a^b f(x)\mathrm{d}x - f(b)(b-a) = -\frac{f'(\eta)}{2}(b-a)^2, \quad \eta \in (a,b).$$

11. 中点公式的截断误差为

$$\int_a^b f(x)\mathrm{d}x - M(f) = \frac{(b-a)^3}{24}f''(\eta), \quad \eta \in (a,b).$$

12. 梯形公式的截断误差为

$$\int_a^b f(x)\mathrm{d}x - T(f) = -\frac{(b-a)^3}{12}f''(\eta), \quad \eta \in (a,b).$$

13. Simpson 公式的截断误差为

$$\int_a^b f(x)\mathrm{d}x - S(f) = -\frac{b-a}{180}\left(\frac{b-a}{2}\right)^4 f^{(4)}(\eta), \quad \eta \in (a,b).$$

14. 对数值求积公式来说，若**所有的权系数都大于等于** 0，条件数为 $b-a$，**算法是稳定的**；反之，不对.

15. Newton-Cotes 公式的**优点**是导出容易，应用简单方便. 但它的缺点更多：

- **缺点 1**：**高阶插值**时有**震荡现象**，**收敛性得不到保证**；
- **缺点 2**：$n \geqslant 10$ 时，**每个公式都至少有一个负的权系数**；
- **缺点 3**：具有较大正或者负的权系数还说明，计算时可能要对数值较大的异号数求和，**容易出现抵消现象**.

总之，通常我们仅能使用前面介绍的几种 Newton-Cotes 公式.

5.1.3　复化求积公式

1. 若我们把积分区间细分为多个小区间，然后**在每个小区间上应用简单的数值求积公式**，当小区间上的误差累加和小于单个公式产生的误差时，则该方法是有效的. 这种方法等价于求出被积函数的**分段插值多项式**，进而**使用分段插值多项式的积分代替目标积分**.

2. 简单起见，把原区间作 n 等分，则

$$h = \frac{b-a}{n}, \quad x_k = a + kh, \quad k = 0,1,\cdots,n,$$

从而

$$I(f) = \sum_{k=0}^{n-1}\int_{x_k}^{x_{k+1}} f(x)\mathrm{d}x = \sum_{k=0}^{n-1} I_k(f).$$

也即先利用数值积分公式计算 $I_k(f)$，最后求和. 这就是复化型求积公式的基本

思想.

3. 复化梯形公式.

• 等分情况下,在$[x_k,x_{k+1}]$上应用梯形公式得到

$$\int_{x_k}^{x_{k+1}} f(x)\mathrm{d}x \approx T_k(f)=\frac{h}{2}(f(x_k)+f(x_{k+1})),$$

因此,$[a,b]$上的**复化梯形公式**为

$$T_n(f)=\sum_{k=0}^{n-1} T_k(f)=h\left(\frac{f(x_0)}{2}+f(x_1)+\cdots+f(x_{n-1})+\frac{f(x_n)}{2}\right).$$

• 在$[x_k,x_{k+1}]$上,有

$$\int_{x_k}^{x_{k+1}} f(x)\mathrm{d}x-T_k(f)=-\frac{h^3}{12}f''(\eta_k),\quad \eta_k\in(x_k,x_{k+1}),$$

把小区间上的误差累加,得到$[a,b]$上的误差为

$$\int_a^b f(x)\mathrm{d}x-T_n(f)=-\frac{h^3}{12}\sum_{k=0}^{n-1} f''(\eta_k).$$

又根据连续函数的**介值定理**,得到

$$\int_a^b f(x)\mathrm{d}x-T_n(f)=-\frac{b-a}{12}h^2 f''(\eta),\quad \eta\in(a,b).$$

记$M_2=\max\limits_{a\leqslant x\leqslant b}|f''(x)|$,对于给定的$\varepsilon$,只要

$$\frac{b-a}{12}M_2h^2\leqslant\varepsilon,$$

就有

$$|I(f)-T_n(f)|=\frac{b-a}{12}h^2|f''(\eta)|\leqslant\frac{b-a}{12}M_2h^2\leqslant\varepsilon.$$

它称为复化梯形公式的**先验误差估计**.

• 利用 Riemann 和,可得

$$\frac{I(f)-T_n(f)}{h^2}\approx-\frac{1}{12}\int_a^b f''(x)\mathrm{d}x=\frac{1}{12}[f'(a)-f'(b)],$$

即

$$I(f)-T_n(f)\approx\frac{1}{12}[f'(a)-f'(b)]h^2.$$

如果把步长减为原来的一半,则

$$I(f)-T_{2n}(f)\approx\frac{1}{12}[f'(a)-f'(b)]\left(\frac{h}{2}\right)^2.$$

比较这两个关系式得到

$$I(f)-T_{2n}(f)\approx\frac{1}{3}[T_{2n}(f)-T_n(f)].$$

给定精度 ε，只要

$$\frac{1}{3}\mid T_{2n}(f)-T_n(f)\mid\leqslant\varepsilon,$$

就有

$$\mid I(f)-T_{2n}(f)\mid\lessapprox\varepsilon.$$

它称为复化梯形公式的**后验误差估计**.

• 考察 $[x_k,x_{k+1}]$，在其上使用复化梯形公式得到 T_n，再将该区间对分，并记

$$x_{k+\frac{1}{2}}=\frac{x_k+x_{k+1}}{2},$$

则 T_{2n} 可以用下面的公式计算：

$$\begin{aligned}T_{2n}(f)&=\sum_{k=0}^{n-1}\left\{\frac{1}{2}\frac{h}{2}\left[f(x_k)+f\left(x_{k+\frac{1}{2}}\right)\right]+\frac{1}{2}\frac{h}{2}\left[f\left(x_{k+\frac{1}{2}}\right)+f(x_{k+1})\right]\right\}\\&=\frac{1}{2}T_n(f)+\frac{h}{2}\sum_{k=0}^{n-1}f\left(x_{k+\frac{1}{2}}\right).\end{aligned}$$

4. 复化 Simpson 公式.

• 在 $[x_k,x_{k+1}]$ 上，记 $x_{k+\frac{1}{2}}=\dfrac{x_k+x_{k+1}}{2}$，应用 Simpson 公式得到

$$\int_{x_k}^{x_{k+1}}f(x)\mathrm{d}x\approx S_k(f)=\frac{h}{6}\left[f(x_k)+4f\left(x_{k+\frac{1}{2}}\right)+f(x_{k+1})\right],$$

进而得到**复化 Simpson 公式**

$$S_n(f)=\sum_{k=0}^{n-1}\frac{h}{6}\left[f(x_k)+4f\left(x_{k+\frac{1}{2}}\right)+f(x_{k+1})\right].$$

• **先验误差估计**为

$$I(f)-S_n(f)=-\frac{b-a}{180}\left(\frac{h}{2}\right)^4f^{(4)}(\eta),\quad\eta\in(a,b).$$

• **后验误差估计**为

$$I(f)-S_{2n}(f)\approx\frac{1}{15}(S_{2n}(f)-S_n(f)).$$

5. 复化 Cotes 公式.

• 在 $[x_k,x_{k+1}]$ 上应用 Cotes 公式得到

$$\begin{aligned}\int_{x_k}^{x_{k+1}}f(x)\mathrm{d}x\approx\frac{h}{90}\Big[&7f(x_k)+32f\left(x_{k+\frac{1}{4}}\right)+12f\left(x_{k+\frac{1}{2}}\right)\\&+32f\left(x_{k+\frac{3}{4}}\right)+7f(x_{k+1})\Big],\end{aligned}$$

进而得到**复化 Cotes 公式**

$$C_k(f)=\sum_{k=0}^{n-1}\frac{h}{90}\Big[7f(x_k)+32f\Big(x_{k+\frac{1}{4}}\Big)+12f\Big(x_{k+\frac{1}{2}}\Big)$$
$$+32f\Big(x_{k+\frac{3}{4}}\Big)+7f(x_{k+1})\Big].$$

- **先验误差估计为**

$$I(f)-C_n(f)=-\frac{2(b-a)}{945}\left(\frac{h}{4}\right)^6 f^{(6)}(\eta),\quad \eta\in(a,b).$$

- **后验误差估计为**

$$I-C_{2n}(f)\approx\frac{1}{63}(C_{2n}(f)-C_n(f)).$$

6. 复化公式对应分段多项式插值，**代数精度的概念不再合适.**

定义 5.3（复化求积公式的阶） 若

$$\lim_{h\to 0}\frac{I(f)-I_n(f)}{h^p}=C,$$

或者当 h 很小时，有

$$I(f)-I_n(f)\approx Ch^p,$$

则称求积公式是 p 阶的.

根据前面的讨论可知：**复化梯形公式为 2 阶的，复化 Simpson 公式为 4 阶的，复化 Cotes 公式为 6 阶的.**

7. 关于复化公式的收敛性和稳定性，有如下结论：

- **当原算法数值稳定时，复化算法也是数值稳定的.**
- 可以证明，当 $n\to\infty$ 时，上述几种复化求积公式都收敛到 $I(f)$.
- 原则上，只要区间充分细分，复化公式可以达到**任意精度**. 但区间细分得太小，**舍入误差的影响会变大.**

8. Romberg 求积公式.

- 利用**误差修正**的思想，构造

$$\widetilde{T}_{2n}(f)=T_{2n}(f)+\frac{1}{3}[T_{2n}(f)-T_n(f)]$$
$$=\frac{4}{3}T_{2n}(f)-\frac{1}{3}T_n(f),$$

验证得到 $\widetilde{T}_{2n}(f)=S_n(f)$. 这意味着

低阶算法通过线性组合得到了高阶算法.

- 根据 Simpson 公式的后验误差估计，构造并验证得到

$$\widetilde{S}_{2n}(f)=S_{2n}(f)+\frac{1}{15}[S_{2n}(f)-S_n(f)]$$
$$=\frac{16}{15}S_{2n}(f)-\frac{1}{15}S_n(f)=C_n(f).$$

- 通过复化 Simpson 公式组合出了复化 Cotes 公式，再次进行误差修正就会得到所谓 **Romberg 求积公式**：

$$R_n(f)=\frac{64}{63}C_{2n}(f)-\frac{1}{63}C_n(f).$$

- **Romberg 求积公式是 8 阶的**，即

$$I(f)-R_n(f)\approx Ch^8.$$

它是一个广泛应用的数值求积分方法，其后验误差估计为

$$I(f)-R_{2n}(f)\approx\frac{1}{255}[R_{2n}(f)-R_n(f)].$$

5.1.4　Gauss 型求积公式

1. 给定一个数值求积公式

$$I_n(f)=\sum_{k=0}^{n}A_k f(x_k)\approx\int_a^b f(x)\mathrm{d}x,$$

假设权系数、节点都是未知的，为使其代数精度达到最高，求一组**最优的权系数和节点**，使得

$$I_n(f)=I(f),\quad f(x)=x^{n+1},x^{n+2},\cdots,x^m,\quad m\text{ 尽可能大}.$$

因为权系数和节点都是未知的，也即总的自由度为 $2n+2$，所以它可期望的最高精度为

$$2n+2-1=2n+1.$$

2. Gauss 求积公式的定义.

定义 5.4　设

$$I(f)=\int_a^b f(x)\mathrm{d}x,\quad I_n(f)=\sum_{k=0}^{n}A_kf(x_k),$$

其中 $I_n(f)$ 是积分 $I(f)$ 的数值求积公式. 若 $I_n(f)$ 的代数精度是 $2n+1$，则称其为 **Gauss-Legendre 公式**（简称 **Gauss 公式**），对应的求积节点 $x_k(k=0,1,\cdots,n)$ 称为 **Gauss 点**.

3. Gauss 求积公式得到广泛应用的原因有两点：

- 利用正交多项式，可以把这些**节点先算出来**；
- 相应的**权系数都是非负数，数值稳定性非常好**.

4. Gauss 求积公式的核心定理.

定理 5.3　设

$$I(f)=\int_a^b f(x)\mathrm{d}x,\quad I_n(f)=\sum_{k=0}^{n}A_kf(x_k),$$

其中 $I_n(f)$ 是计算积分 $I(f)$ 的插值型求积公式. 记

$$W_{n+1}(x)=(x-x_0)(x-x_1)\cdots(x-x_n),$$

则 $I_n(f)$ 是 Gauss 求积公式(代数精度为 $2n+1$ 或 $\{x_k\}_{k=0}^{n}$ 为 Gauss 点)的**充要条件**是 $W_{n+1}(x)$ 与任意一个次数不超过 n 的多项式 $p(x)$ **正交**,即

$$\int_a^b p(x)W_{n+1}(x)\mathrm{d}x=0.$$

5. 计算过程:先求出正交多项式的零点作为**Gauss 点**,再根据插值型求积公式的系数公式得到 Gauss 求积公式的**权系数**

$$\widetilde{A}_k=\int_{-1}^{1}\prod_{j=0\text{且}j\neq k}^{n}\frac{t-t_j}{t_k-t_j}\mathrm{d}t,\quad k=0,1,\cdots,n.$$

6. 正交多项式的定义.

定义 5.5 设

$$g_n(x)=a_{n,0}x^n+a_{n,1}x^{n-1}+\cdots+a_{n,n-1}x+a_{n,n},\quad n=0,1,2,\cdots,$$

其中 $a_{n,0}\neq 0$. 如果对任意的 $i,j=0,1,\cdots$ 且 $i\neq j$,有

$$(g_i,g_j)=\int_a^b g_i(x)g_j(x)\mathrm{d}x=0,$$

则称 $\{g_k(x)\}_{k=0}^{\infty}$ 为区间 $[a,b]$ 上的**正交多项式序列**,而称 $g_n(x)$ 为区间 $[a,b]$ 上的 n **次正交多项式**.

7. 区间 $[-1,1]$ 上,权函数 $w(x)=1$ 时就得到 Gauss-Legendre 公式. 几个常见的公式如下:

- **1 个节点的 Gauss 公式**(即 $[-1,1]$ 上的**中点公式**):

$$\int_{-1}^{1}g(t)\mathrm{d}t\approx 2g(0).$$

- **2 个节点的 Gauss 公式**:

$$\int_{-1}^{1}g(t)\mathrm{d}t\approx g\left(-\frac{1}{\sqrt{3}}\right)+g\left(\frac{1}{\sqrt{3}}\right).$$

- **3 个节点的 Gauss 公式**:

$$\int_{-1}^{1}g(t)\mathrm{d}t\approx \frac{5}{9}g\left(-\sqrt{\frac{3}{5}}\right)+\frac{8}{9}g(0)+\frac{5}{9}g\left(\sqrt{\frac{3}{5}}\right).$$

8. 区间 $[a,b]$ 上的 Gauss 公式.

考虑积分 $I(f)=\int_a^b f(x)\mathrm{d}x$,作变换

$$x=\frac{a+b}{2}+\frac{b-a}{2}t,$$

可得

$$I(f)=\int_{-1}^{1}\frac{b-a}{2}f\left(\frac{a+b}{2}+\frac{b-a}{2}t\right)\mathrm{d}t,$$

则由 $[-1,1]$ 上的 Gauss 公式得 $[a,b]$ 上的 Gauss 公式

$$I_n(f)=\sum_{k=0}^{n}\frac{b-a}{2}\widetilde{A}_k f\left(\frac{a+b}{2}+\frac{b-a}{2}t_k\right).$$

再令

$$x_k=\frac{a+b}{2}+\frac{b-a}{2}t_k,\quad A_k=\frac{b-a}{2}\widetilde{A}_k\quad(k=0,1,\cdots,n),$$

即得 $[a,b]$ **上的 Gauss 公式**：

$$I_n(f)=\sum_{k=0}^{n}A_k f(x_k).$$

9. Gauss-Legendre 公式的截断误差公式.

定理 5.4　设 $f(x)\in C^{2n+2}[a,b]$，则 Gauss-Legendre 公式

$$\int_a^b f(x)\mathrm{d}x\approx\sum_{k=0}^{n}A_k f(x_k)$$

的截断误差为

$$R(f)=\int_a^b f(x)\mathrm{d}x-\sum_{k=0}^{n}A_k f(x_k)=\frac{f^{(2n+2)}(\xi)}{(2n+2)!}\int_a^b W_{n+1}^2(x)\mathrm{d}x,$$

其中

$$W_{n+1}(x)=\prod_{j=0}^{n}(x-x_j),\quad \xi\in(a,b).$$

10. Gauss-Legendre 公式的收敛性与稳定性.

定理 5.5　若 $f(x)\in C[a,b]$，则 Gauss 公式

$$\int_a^b f(x)\mathrm{d}x\approx\sum_{k=0}^{n}A_k f(x_k)$$

收敛.

定理 5.6　Gauss 公式

$$\int_a^b f(x)\mathrm{d}x\approx\sum_{k=0}^{n}A_k f(x_k)$$

的求积系数 $A_k>0(k=0,1,\cdots,n)$.

定理 5.7　Gauss 公式 $\int_a^b f(x)\mathrm{d}x\approx\sum_{k=0}^{n}A_k f(x_k)$ 是**数值稳定**的.

5.1.5　数值微分

1. **积分是一个相对平滑的过程**，具有很强的稳定性；**微分是非常敏感的**，一个微小的扰动会使结果产生很大的变化.

定理 5.8　微分是无限病态(Infinitely Ill-Conditioned)的.

2. 求导数的近似值有非常多的数学手段，比如**微分算子**、**微分矩阵**、**留数**等，现在还有**自动求导算法**等成熟的技术手段. 这里我们仅讨论有限差分公式以及插值型求导公式.

3. 有限差分公式是数值微分中的基础公式,它在微分方程数值求解时很有价值. 常用的有限差分公式包括:

- **向前差商(Forward Difference)** 公式:
$$f'(x_0)\approx\frac{f(x_0+h)-f(x_0)}{h}.$$
- **向后差商(Backward Difference)** 公式:
$$f'(x_0)\approx\frac{f(x_0)-f(x_0-h)}{h}.$$
- **中心差商(Central Difference)** 公式:
$$f'(x_0)\approx\frac{f(x_0+h)-f(x_0-h)}{2h}=D(h).$$
- 2 阶导数公式:
$$f''(x_0)\approx\frac{f(x_0+h)-2f(x_0)+f(x_0-h)}{h^2}.$$

4. 比较余项可知,**中心差商一般更接近于** $f'(x_0)$,因为它的余项是 $O(h^2)$,而向前、向后差商的余项都是 $O(h)$. 我们很容易认为:h **越小,计算结果越准确**. 但是,当 h 很小时,$f(x_0+h)$ 和 $f(x_0-h)$ 太接近,会形成**相邻的数相减**的情况. 同时,**小数做除数**也不太好. 可采用**二分法**以及**误差事后估计法**选择合适的 h:

- 给定误差限 ε,选定一个 h,计算并比较 $D(h)$ 和 $D\left(\frac{h}{2}\right)$,如果
$$\left|D\left(\frac{h}{2}\right)-D(h)\right|<\varepsilon,$$
则 $D\left(\frac{h}{2}\right)\approx f'(x_0)$.

- 否则继续计算 $D\left(\frac{h}{4}\right)$,并比较 $D\left(\frac{h}{2}\right)$ 和 $D\left(\frac{h}{4}\right)$.

5. Squire 和 Trapp 于 1998 年提出了一个公式:
$$f'(x_0)=\frac{\mathrm{Im}(f(x_0+\mathrm{i}h))}{h}+O(h^2),$$
其中 f 是一个实值函数. 这个公式能够有效地**减少**中心差商公式中出现的**过度抵消现象**.

6. 利用 **Richardson 外推方法**得到如下一个差商公式:
$$D^*(h)=\frac{-f(x_0+2h)+8f(x_0+h)-8f(x_0-h)+f(x_0-2h)}{12h}.$$
可以直接验证它的误差为(借助 Mathematica 完成)
$$f'(x_0)-D^*(h)=\frac{f^{(5)}(x_0)}{30}h^4+O(h^5),$$

即它是一个 4 阶差商公式.

7. 给定数据点(x_i, y_i)，$i=0,1,\cdots,n$，计算插值多项式

$$p_n(x): p_n(x_i)=y_i,$$

令

$$p_n'(x)\approx f'(x).$$

这是一种很自然的思路. 在插值节点处的误差为

$$\begin{aligned} f'(x_k)-p_n'(x_k) &= \frac{f^{(n+1)}(\xi(x))}{(n+1)!}W_{n+1}'(x_k) \\ &= \frac{f^{(n+1)}(\xi)}{(n+1)!}\prod_{j=0 且 j\neq k}^{n}(x_k-x_j). \end{aligned}$$

8. 两点公式.

如果给定插值数据

x	x_0	x_1
$f(x)$	$f(x_0)$	$f(x_1)$

则对应的线性插值为

$$p_1(x)=\frac{x-x_1}{x_0-x_1}f(x_0)+\frac{x-x_0}{x_1-x_0}f(x_1).$$

在节点处可得

- $p_1'(x_0)=\dfrac{1}{x_1-x_0}[f(x_1)-f(x_0)]\approx f'(x_0)$，即向前差商公式；
- $p_1'(x_1)=\dfrac{1}{x_1-x_0}[f(x_1)-f(x_0)]\approx f'(x_1)$，即向后差商公式.

利用一般插值点误差公式得到向前差商公式的截断误差为

$$f'(x_0)-p_1'(x_0)=\frac{f''(\xi_0)}{2}(x_0-x_1)=-\frac{f''(\xi_0)}{2}h.$$

同理，向后差商公式的截断误差为

$$f'(x_1)-p_1'(x_1)=\frac{f''(\xi_1)}{2}(x_1-x_0)=\frac{f''(\xi_1)}{2}h.$$

9. 三点公式.

如果给定插值数据

x	x_0	x_1	x_2
$f(x)$	$f(x_0)$	$f(x_1)$	$f(x_2)$

设 $p_2(x)$ 是对应的 2 次插值多项式，则

$$p_2(x)=f(x_0)\frac{(x-x_1)(x-x_2)}{(x_0-x_1)(x_0-x_2)}+f(x_1)\frac{(x-x_0)(x-x_2)}{(x_1-x_0)(x_1-x_2)}$$
$$+f(x_2)\frac{(x-x_0)(x-x_1)}{(x_2-x_0)(x_2-x_1)},$$

对 $p_2(x)$ 求导可得

$$p_2'(x)=f(x_0)\frac{2x-x_1-x_2}{(x_0-x_1)(x_0-x_2)}+f(x_1)\frac{2x-x_0-x_2}{(x_1-x_0)(x_1-x_2)}$$
$$+f(x_2)\frac{2x-x_0-x_1}{(x_2-x_0)(x_2-x_1)}.$$

如果采用的是等距节点,可得

$$p_2'(x_0)=\frac{1}{2h}[-3f(x_0)+4f(x_1)-f(x_2)],$$
$$p_2'(x_1)=\frac{1}{2h}[f(x_2)-f(x_0)],$$
$$p_2'(x_2)=\frac{1}{2h}[f(x_0)-4f(x_1)+3f(x_2)].$$

这三个公式中的第二个公式就是前面讨论的中心差商公式.

类似于两点情形,得到相应公式的**截断误差**为

$$f'(x_0)-p_2'(x_0)=\frac{f'''(\xi_0)}{3}h^2,$$
$$f'(x_1)-p_2'(x_1)=-\frac{f'''(\xi_1)}{6}h^2,$$
$$f'(x_2)-p_2'(x_2)=\frac{f'''(\xi_2)}{3}h^2.$$

5.2 典型例题解析

例 1 确定下列求积公式中的待定参数,使其代数精度尽量高,并指明求积公式所具有代数精度.

(1) $\int_{-h}^{h} f(x)\mathrm{d}x \approx A_{-1}f(-h)+A_0 f(0)+A_1 f(h)$;

(2) $\int_{-1}^{1} f(x)\mathrm{d}x \approx \frac{1}{3}[f(-1)+2f(x_1)+3f(x_2)]$;

(3) $\int_{0}^{h} f(x)\mathrm{d}x \approx \frac{h}{2}[f(0)+f(h)]+ah^2[f'(0)-f'(h)]$.

提示 求解这类题目时,一般都应按照求积公式代数精度的定义来解答.

解 (1) 求积公式中含有 3 个待定参数,先令求积公式对 $f(x)=1,x,x^2$ 准

确成立，得到

$$\begin{cases}A_{-1}+A_0+A_1=2h,\\-h(A_{-1}-A_1)=0,\\h^2(A_{-1}+A_1)=\dfrac{2}{3}h^3,\end{cases}$$

解得 $A_{-1}=A_1=\dfrac{h}{3}$，$A_0=\dfrac{4h}{3}$. 又将 $f(x)=x^3,x^4$ 代入所确定的求积公式，有

$$\int_{-h}^{h}x^3\mathrm{d}x=0=\frac{h}{3}(-h)^3+\frac{h}{3}h^3,$$

$$\int_{-h}^{h}x^4\mathrm{d}x=\frac{2}{5}h^5\neq\frac{h}{3}(-h)^4+\frac{h}{3}h^4.$$

故所建立的求积公式

$$\int_{-h}^{h}f(x)\mathrm{d}x\approx\frac{h}{3}f(-h)+\frac{4h}{3}f(0)+\frac{h}{3}f(h)$$

具有 3 次代数精度.

(2) 求积公式中含有两个待定参数 x_1,x_2. 当 $f(x)=1$ 时，易知有

$$\int_{-1}^{1}f(x)\mathrm{d}x=\frac{1}{3}[f(-1)+2f(x_1)+3f(x_2)]=2.$$

再令求积公式对 $f(x)=x,x^2$ 准确成立，可得 $\begin{cases}2x_1+3x_2=1,\\2x_1^2+3x_2^2=1,\end{cases}$ 解得

$$\begin{cases}x_1=\dfrac{1}{5}(1-\sqrt{6}),\\x_2=\dfrac{1}{15}(2\sqrt{6}+3)\end{cases}\quad\text{或}\quad\begin{cases}x_1=\dfrac{1}{5}(\sqrt{6}+1),\\x_2=\dfrac{1}{15}(3-2\sqrt{6}).\end{cases}$$

将 $f(x)=x^3$ 代入已确定之求积公式，有

$$\int_{-1}^{1}x^3\mathrm{d}x=0\neq\frac{1}{3}(-1+2x_1^3+3x_2^3),$$

故所建立的求积公式具有 2 次代数精度.

(3) 求积公式中含有一个待定参数，而 $f(x)=1,x$ 时，数值解和精确积分相等. 再令 $f(x)=x^2$，由

$$\int_{0}^{h}x^2\mathrm{d}x=\frac{h^3}{3}=\frac{h}{2}(0+h^2)+ah^2(2\times0-2h),$$

解得 $a=\dfrac{1}{12}$. 将 $f(x)=x^3$ 代入上述确定的求积公式有

$$\int_{0}^{h}x^3\mathrm{d}x=\frac{h^4}{4}=\frac{h}{2}(0+h^3)+\frac{h^2}{12}(0-3h^2),$$

这说明求积公式至少具有 3 次代数精度. 再令 $f(x)=x^4$，代入求积公式有

$$\int_0^h x^4 \mathrm{d}x = \frac{h^5}{5} \neq \frac{h}{2}(0+h^4) + \frac{h^2}{12}(0-4h^3),$$

故所建立的求积公式

$$\int_0^h f(x)\mathrm{d}x \approx \frac{h}{2}[f(0)+f(h)] + \frac{h^2}{12}[f'(0)-f'(h)]$$

具有 3 次代数精度.

例 2 分别用中点公式、梯形公式和 Simpson 公式求积分

$$I = \int_0^1 \mathrm{e}^{-x}\,\mathrm{d}x$$

的近似值,并估计误差.

提示 本题考查求积公式及其截断误差的掌握情况.

解 根据题意可知 $a=0$, $b=1$, $f(x)=\mathrm{e}^{-x}$, 则

$$f'(x)=-\mathrm{e}^{-x},\quad f''(x)=\mathrm{e}^{-x},\quad f'''(x)=-\mathrm{e}^{-x},\quad f^{(4)}(x)=\mathrm{e}^{-x}.$$

计算如下:

$$M(f)=f(0.5)=0.606531,$$

$$T(f)=\frac{f(0)+f(1)}{2}=0.68394,$$

$$S(f)=\frac{1}{6}(f(0)+4f(0.5)+f(1))=0.632334.$$

根据截断误差表达式,可得

$$|R_M(f)| = \left|\frac{f''(\xi)}{24}\right| \leqslant \frac{1}{24} \approx 0.0416667,$$

$$|R_T(f)| = \left|\frac{f''(\xi)}{12}\right| \leqslant \frac{1}{12} \approx 0.0833333,$$

$$|R_S(f)| = \left|-\frac{1}{180}\left(\frac{1}{2}\right)^4 f^{(4)}(\xi)\right| \leqslant \frac{1}{2880} \approx 0.000347222.$$

注 实际误差如下:

$$R_M \approx 0.0255899,\quad R_T \approx -0.0518192,\quad R_S \approx -0.000213121.$$

例 3 若 $f''(x)>0$,证明用梯形求积公式计算积分 $\int_a^b f(x)\mathrm{d}x$ 所得结果比准确值大,并说明几何意义.

提示 本题显然通过讨论梯形求积公式的截断误差来处理.

解 梯形求积公式的截断误差为

$$R_T(f) = \int_a^b f(x)\mathrm{d}x - \frac{b-a}{2}[f(a)+f(b)]$$

$$= -\frac{(b-a)^3}{12} f''(\eta),\quad \eta \in (a,b).$$

若 $f''(x)>0$，则 $f''(\eta)>0$，所以 $R_T(f)<0$，即当 $f''(x)>0$ 时，用梯形求积公式所得的结果比准确值大.

几何意义：当 $f''(x)>0$，曲线 $y=f(x)$ 是下凸的，割线位于曲线的上方，故梯形的面积比对应曲边梯形的面积大.

例 4　用复化梯形公式以及复化 Simpson 公式计算下列积分并比较结果.

(1) $\int_0^1 \frac{x}{4+x^2}dx$，采用 T_8，S_4；

(2) $\int_1^9 \sqrt{x}\,dx$，采用 T_4，S_2.

解　(1) 复化梯形计算结果为

$$\begin{aligned}T_8&=\frac{1}{2}\times\frac{1}{8}\left[f(0)+2\sum_{i=1}^{7}f(x_i)+f(1)\right]\\&=\frac{1}{16}\left[f(0)+2f\left(\frac{1}{8}\right)+2f\left(\frac{1}{4}\right)+2f\left(\frac{3}{8}\right)\right.\\&\quad\left.+2f\left(\frac{1}{2}\right)+2f\left(\frac{5}{8}\right)+2f\left(\frac{3}{4}\right)+2f\left(\frac{7}{8}\right)+f(1)\right]\\&\approx 0.1114024,\end{aligned}$$

复化 Simpson 计算结果为

$$\begin{aligned}S_4&=\frac{1}{6}\times\frac{1}{4}\left\{f(0)+2\left[f\left(\frac{1}{4}\right)+f\left(\frac{1}{2}\right)+f\left(\frac{3}{4}\right)\right]\right.\\&\quad\left.+4\left[f\left(\frac{1}{8}\right)+f\left(\frac{3}{8}\right)+f\left(\frac{5}{8}\right)+f\left(\frac{7}{8}\right)\right]+f(1)\right\}\\&\approx 0.1115724.\end{aligned}$$

因为

$$\int_0^1\frac{x}{x^2+4}dx=\frac{1}{2}\ln\frac{5}{4}=0.1115717756571049,$$

显然复化 Simpson 公式计算结果更好.

(2) 复化梯形计算结果为

$$\begin{aligned}T_4&=\frac{1}{2}\times 2\{f(1)+2[f(3)+f(5)+f(7)]+f(9)\}\\&\approx 17.22774,\end{aligned}$$

复化 Simpson 计算结果为

$$\begin{aligned}S_2&=\frac{1}{6}\times 4\{f(1)+2f(5)+4[f(3)+f(7)]+f(9)\}\\&\approx 17.32223.\end{aligned}$$

因为

$$\int_1^9 \sqrt{x}\,\mathrm{d}x = 17.33333333,$$

显然复化 Simpson 公式计算结果更好.

例 5 用 $n=8$ 的复化 Simpson 公式计算

$$I=\int_0^1 \frac{4}{1+x^2}\mathrm{d}x,$$

并作事后误差估计.

提示 注意要用后验误差估计公式给出误差的近似值.

解 令 $f(x)=\dfrac{4}{1+x^2}, x\in[0,1]$. 先将区间 $[0,1]$ 作 4 等分,则

$$\begin{aligned} S_4 &= \frac{1}{6\times 4}\Big\{f(0)+f(1)+4\Big[f\Big(\frac{1}{8}\Big)+f\Big(\frac{3}{8}\Big) \\ &\quad +f\Big(\frac{5}{8}\Big)+f\Big(\frac{7}{8}\Big)\Big]+2\Big[f\Big(\frac{2}{8}\Big)+f\Big(\frac{4}{8}\Big)+f\Big(\frac{6}{8}\Big)\Big]\Big\} \\ &= 3.14159250. \end{aligned}$$

再将区间 $[0,1]$ 作 8 等分,则

$$\begin{aligned} S_8 &= \frac{1}{6\times 8}\Big\{f(0)+f(1)+4\sum_{i=1}^{8} f\Big(\frac{2i-1}{16}\Big)+2\sum_{i=1}^{7} f\Big(\frac{2i}{16}\Big)\Big\} \\ &= 3.14159265. \end{aligned}$$

因此所求积分 $I\approx S_8=3.14159265$,误差估计为

$$|I-S_8| \approx \frac{1}{15}|S_8-S_4| = 0.1\times 10^{-7}.$$

注 实际误差为

$$|\pi - S_8| = 0.3\times 10^{-8}.$$

例 6 给定积分

$$I=\int_0^1 \mathrm{e}^{-x}\,\mathrm{d}x,$$

要使结果具有 4 位有效数字,分别采用复化梯形公式和复化 Simpson 公式,则至少需要多少个节点?

提示 注意有效数字的概念以及求积公式的先验误差估计公式.

解 精确积分为 $I=0.6321205588285577$,要使得结果具有 4 位有效数字,误差限为 $\varepsilon=0.5\times 10^{-4}$. 又 $f''(x)=f^{(4)}(x)=\mathrm{e}^{-x}$,根据复化梯形公式的先验误差估计公式,等分数 n 应该满足

$$\frac{1}{12}\frac{1}{n^2} \leqslant 0.5\times 10^{-4} \Rightarrow n \geqslant 40.8,$$

取 $n=41$,即至少需要 42 个节点.

根据复化 Simpson 公式的先验误差估计公式,等分数 n 应该满足

$$\frac{1}{2880}\frac{1}{n^4}\leqslant 0.5\times 10^{-4}\Rightarrow n\geqslant 1.62334,$$

取 $n=2$,即至少需要 5 个节点.

例 7　利用 Romberg 公式求

$$I=\int_0^1 e^{-x^2}\,dx$$

的值,计算到 R_2 并估计误差.

解　先计算得到

$$T_1=0.683940,\quad T_2=0.731370,\quad T_4=0.742984,$$
$$T_8=0.745866,\quad T_{16}=0.746585,$$

则组合出复化 Simpson 公式的数据如下:

$$S_1=\frac{4T_2}{3}-\frac{T_1}{3}\approx 0.747180,$$

$$S_2=\frac{4T_4}{3}-\frac{T_2}{3}\approx 0.746855,$$

$$S_4=\frac{4T_8}{3}-\frac{T_4}{3}\approx 0.746826,$$

$$S_8=\frac{4T_{16}}{3}-\frac{T_8}{3}\approx 0.746824.$$

继续组合出复化 Cotes 公式的数据如下:

$$C_1=\frac{16S_2}{15}-\frac{S_1}{15}\approx 0.7468337098497524,$$

$$C_2=\frac{16S_4}{15}-\frac{S_2}{15}\approx 0.7468241699098982,$$

$$C_4=\frac{16S_8}{15}-\frac{S_4}{15}\approx 0.7468241332296146.$$

最后组合出 Romberg 公式的数据如下:

$$R_1=\frac{64C_2}{63}-\frac{C_1}{63}\approx 0.7468240184822815,$$

$$R_2=\frac{64C_4}{63}-\frac{C_2}{63}\approx 0.7468241326473878.$$

按照后验误差估计,误差为

$$\frac{1}{255}\mid R_2-R_1\mid\approx 4.47706\times 10^{-10}.$$

注　实际误差为 $I-R_2\approx 1.6504\times 10^{-10}$,后验误差略微偏大.

例 8　用 2 点 Gauss 公式和 3 点 Gauss 公式分别求

$$I=\int_0^1 x^2 e^x dx,$$

并与精确值 0.7182818284590451 比较.

提示　这里考察的是区间 $[a,b]$ 上的 Gauss 公式.

解　令 $x=\frac{1+t}{2}$,则

$$I=\frac{1}{2}\int_{-1}^{1}\frac{(1+t)^2}{4}e^{\frac{1+t}{2}}dt.$$

- 采用 2 点 Gauss 公式,有

$$I_1\approx\frac{1}{2}\left(\frac{\left(1-\frac{1}{\sqrt{3}}\right)^2}{4}e^{\frac{1-\frac{1}{\sqrt{3}}}{2}}+\frac{\left(1+\frac{1}{\sqrt{3}}\right)^2}{4}e^{\frac{1+\frac{1}{\sqrt{3}}}{2}}\right)=0.7119417742422697,$$

误差 $e_1\approx 0.00634005$.

- 采用 3 点 Gauss 公式,有

$$I_2\approx\frac{1}{2}\left(\frac{5}{9}\frac{\left(1-\sqrt{\frac{3}{5}}\right)^2}{4}e^{\frac{1-\sqrt{\frac{3}{5}}}{2}}+\frac{8}{9}\frac{\sqrt{e}}{4}+\frac{5}{9}\frac{\left(1+\sqrt{\frac{3}{5}}\right)^2}{4}e^{\frac{1+\sqrt{\frac{3}{5}}}{2}}\right)$$

$$=0.7182517790409639,$$

误差 $e_2\approx 0.0000300494$.

例 9（拓展题）　已知

$$I=\int_0^1\frac{\arctan x}{x^{3/2}}dx.$$

(1) 利用 Romberg 公式计算 I,要求计算到 R_2;

(2) 利用 3 点 Gauss 公式计算 I.

提示　(1) 函数 $f(x)$ 在 $x=0$ 处无界,需先应用变换法化无界函数为有界函数,即去除函数的奇性.

(2) 在应用 3 点 Gauss 公式时,Gauss 节点不含 $x=0$. 虽然避开了瑕点,但是效果如何呢?

解　(1) 作代换 $\sqrt{x}=t$,则

$$I=\int_0^1\frac{\arctan x}{x^{3/2}}dx=\int_0^1\frac{\arctan t^2}{t^3}2t\,dt=\int_0^1\frac{2\arctan t^2}{t^2}dt.$$

设 $f(t)=\frac{2\arctan t^2}{t^2}$,有

$$f(0)=\lim_{t\to 0}\frac{2\arctan t^2}{t^2}=2,\quad f(1)=2\arctan 1=\frac{\pi}{2}.$$

列表计算如下：

对分	梯形公式	Simpson 公式	Cotes 公式	Romberg 公式
0	1.7853981633974483			
1	1.8726137342061806	1.9016855911424249		
2	1.8911146451247381	1.8972816154309236	1.896988017050157	
3	1.8956070216754430	1.8971044805256778	1.897092671531995	1.8970943327142462
4	1.8967238765968806	1.8970961615706932	1.897095606973694	1.8970956535680066

则 $I \approx 1.8970956535680066$，误差为

$$\frac{1.8970956535680066 - 1.8970943327142462}{255} \approx 0.520013 \times 10^{-8}.$$

注　实际误差为 $I - R_2 \approx -0.361831 \times 10^{-7}$.

(2) 令 $x = \dfrac{1+t}{2}$，则

$$I = \int_{-1}^{1} \frac{\arctan\left(\dfrac{t+1}{2}\right)}{\left(\dfrac{t+1}{2}\right)^{3/2}} \frac{1}{2} \mathrm{d}t = \int_{-1}^{1} \frac{\sqrt{2}\arctan\dfrac{t+1}{2}}{(t+1)^{3/2}} \mathrm{d}t.$$

设 $g(t) = \dfrac{\sqrt{2}\arctan\dfrac{t+1}{2}}{(t+1)^{3/2}}$，则 3 点 Gauss 公式的节点和权系数分别为

$$t_0 = -\sqrt{\frac{3}{5}},\quad t_1 = 0,\quad t_2 = \sqrt{\frac{3}{5}},$$

$$A_0 = \frac{5}{9},\quad A_1 = \frac{8}{9},\quad A_2 = \frac{5}{9},$$

积分的近似值为

$$I \approx \frac{5}{9} g\left(-\sqrt{\frac{3}{5}}\right) + \frac{8}{9} g(0) + \frac{5}{9} g\left(\sqrt{\frac{3}{5}}\right)$$
$$\approx 1.648.$$

注　(1) 不难发现上面 3 点 Gauss 公式算出的结果并不好. 事实上，按这样的算法，6 点 Gauss 公式的结果也只为 1.7035.

(2) 如果设

$$h(t) = \frac{\arctan\dfrac{(t+1)^2}{4}}{\dfrac{(t+1)^2}{4}},$$

则

$$I \approx \frac{5}{9}h\left(-\sqrt{\frac{3}{5}}\right)+\frac{8}{9}h(0)+\frac{5}{9}h\left(\sqrt{\frac{3}{5}}\right)$$
$$\approx 1.89719,$$

此时的误差为 -0.0000958062,这就正常了.

(3) Romberg 求积部分可参考如下 **Mathematica** 代码:

```
    f[x_]=If[x!=0,2ArcTan[x^2]/x^2,2];
    a=0;b=1;h=b-a;n=1;l=0;(* l 指的是外推的次数 *)
    told=(f[a]+f[b])*h/2//N;eps=1;int=NIntegrate[f[x],{x,
a,b}];
    result={{l,told//InputForm,int//InputForm}};
    While[eps>=10^(-6)&&l<=30,l++;tnew=told/2+Sum[f[a+(k
+1/2)*h],{k,0,n-1}]*h/2;
    tsp=4/3*tnew-told/3;n=2*n;h=h/2;
    AppendTo[result,{l,tnew//InputForm,int//InputForm,tsp//
InputForm}];
    eps=Abs[tnew-told];told=tnew];PrependTo[result,{"次
数","梯形","精确","辛普森"}];
    Grid[result,ItemSize->Automatic,Frame->All]
```

(4) 化去瑕点时还可采用分部积分法,即

$$I=\int_0^1 \frac{\arctan x}{x^{3/2}}\mathrm{d}x=-\frac{\pi}{2}+2\int_0^1\frac{\mathrm{d}x}{\sqrt{x}(1+x^2)}$$
$$\xlongequal{令 t=\sqrt{x}}-\frac{\pi}{2}+4\int_0^1\frac{\mathrm{d}t}{1+t^4},$$

然后对常义积分 $\int_0^1\frac{\mathrm{d}t}{1+t^4}$ 应用 Romberg 公式或 Gauss 公式.

例 10 给定求积公式

$$\int_0^1 f(x)\mathrm{d}x \approx A_0 f(0)+A_1 f(1)+B_0 f'(0),$$

又知其误差为

$$R=kf'''(\xi),\quad \xi\in(0,1).$$

试确定系数 A_0, A_1 及 B_0,使该求积公式具有尽可能高的代数精度,指出这个代数精度并确定误差项中 k 的值.

提示 要确定 3 个参数,可令 $f(x)=1,x,x^2$ 得到 3 个方程,如果不够,则继续增加.而为确定误差项中 k 的值,可由 $f(x)$ 使求积公式的误差限 $kf'''(\xi)\neq 0$ 定之.

解 令 $f(x)=1,x,x^2$,分别代入求积公式两端使其精确相等,从而得如下

方程组:

$$\begin{cases}A_0+A_1=1,\\ A_1+B_0=\dfrac{1}{2},\\ A_1=\dfrac{1}{3},\end{cases}$$

解之得 $A_1=\frac{1}{3}$, $A_0=\frac{2}{3}$, $B_0=\frac{1}{6}$.

现求积公式为

$$\int_0^1 f(x)\mathrm{d}x\approx\frac{2}{3}f(0)+\frac{1}{3}f(1)+\frac{1}{6}f'(0),$$

它至少具有 2 次代数精度. 再令 $f(x)=x^3$,则$\int_0^1 f(x)\mathrm{d}x=\frac{1}{4}$,而

$$\frac{2}{3}f(0)+\frac{1}{3}f(1)+\frac{1}{6}f'(0)=\frac{2}{3}\times 0+\frac{1}{3}\times 1+\frac{1}{6}\times 0=\frac{1}{3},$$

故此求积公式的最高代数精度是 2.

为确定 $R=kf'''(\xi)$ 中 k 的值,将 $f(x)=x^3$ 代入含有误差项的积分式中,即

$$\int_0^1 f(x)\mathrm{d}x=\frac{2}{3}f(0)+\frac{1}{3}(1)+\frac{1}{6}f'(0)+kf'''(\xi),\quad \xi\in(0,1),$$

解得 $k=-\frac{1}{72}$.

例 11　给定数据表如下:

x	1.8	1.9	2.0	2.1	2.2
$f(x)$	10.889365	12.703199	14.778112	17.148957	19.855030

(1) 应用三点公式计算 $f'(2.0)$,取 $h=0.1$;

(2) 应用 2 阶导数中心差商公式计算 $f''(2.0)$,分别取 $h=0.1,0.2$.

解　(1) • 取后三点,可得

$$\begin{aligned}f'(2.0)&\approx\frac{1}{2\times 0.1}(-3f(2.0)+4f(2.1)-f(2.2))\\&=22.032310.\end{aligned}$$

• 取前三点,可得

$$\begin{aligned}f'(2.0)&\approx\frac{1}{2\times 0.1}(f(1.8)-4f(1.9)+3f(2.0))\\&=22.054525.\end{aligned}$$

• 利用中心差商公式,可得

$$f'(2.0)\approx\frac{1}{2\times 0.1}(f(2.1)-f(1.9))=22.228790.$$

(2) • 取 $h=0.1$,可得

$$f''(2.0)\approx\frac{f(2.1)-2f(2.0)+f(1.9)}{0.1^2}=29.593200.$$

• 取 $h=0.2$,可得

$$f''(2.0)\approx\frac{f(2.2)-2f(2.0)+f(1.8)}{0.2^2}=29.704275.$$

注 本例中的数据来自函数 $f(x)=x\mathrm{e}^x$,因为

$$f'(x)=(x+1)\mathrm{e}^x,\quad f''(x)=(x+2)\mathrm{e}^x,$$

可得 $f'(2.0)$ 与 $f''(2.0)$ 的精确值分别为

$$f'(2.0)=22.167168,\quad f''(2.0)=29.556224.$$

请与本例相应的近似值对照.

5.3 教材习题解析

1. 分别用中点公式、梯形公式、Simpson 公式、Cotes 公式求

$$I=\int_0^1\frac{\sin x}{x}\mathrm{d}x$$

的近似值. 已知 $I\approx 0.946083070367183$,比较你的计算结果.

解 根据题意可知 $f(x)=\dfrac{\sin x}{x}$, $a=0$, $b=1$.

• 中点公式:

$$I_M=f(0.5)\approx 0.958851,\quad e_M=-0.012768.$$

• 梯形公式:

$$I_T=\frac{1}{2}(f(0)+f(1))\approx 0.920735,\quad e_T=0.0253476.$$

• Simpson 公式:

$$I_S=\frac{1}{6}(f(0)+4f(0.5)+f(1))\approx 0.946146,$$

$$e_S=-0.628119\times 10^{-4}.$$

• Cotes 公式:

$$I_C=\frac{1}{90}(7f(0)+32f(0.25)+12f(0.5)+32f(0.75)+7f(1))$$

$$\approx 0.946083004063674,$$

$$e_C=0.66\times 10^{-7}.$$

从上面的结果不难看出，Cotes 公式的精度最高，Simpson 公式次之，中点公式则略好于梯形公式.

2. 给定求积公式

$$\int_0^1 f(x)\mathrm{d}x \approx \frac{1}{2}f(x_0)+cf(x_1),$$

试确定 x_0, x_1, c 使求积公式的代数精度尽可能高，并指出具体的次数.

解　因为有 3 个未知数，所以可设 $f(x)=1, x, x^2$.

- 当 $f(x)=1$ 时，有

$$左边=\int_0^1 1\mathrm{d}x=1,\quad 右边=\frac{1}{2}+c;$$

- 当 $f(x)=x$ 时，有

$$左边=\int_0^1 x\mathrm{d}x=\frac{1}{2},\quad 右边=\frac{1}{2}x_0+cx_1;$$

- 当 $f(x)=x^2$ 时，有

$$左边=\int_0^1 x^2\mathrm{d}x=\frac{1}{3},\quad 右边=\frac{1}{2}x_0^2+cx_1^2.$$

当求积公式的代数精度至少为 2 时，必有

$$\begin{cases}\frac{1}{2}+c=1,\\ \frac{1}{2}x_0+cx_1=\frac{1}{2},\\ \frac{1}{2}x_0^2+cx_1^2=\frac{1}{3},\end{cases}$$

解得 $c=\frac{1}{2}, x_0=\frac{1}{2}\left(1-\frac{1}{\sqrt{3}}\right), x_1=\frac{1}{2}\left(1+\frac{1}{\sqrt{3}}\right)$，此时求积公式为

$$\int_0^1 f(x)\mathrm{d}x \approx \frac{1}{2}f\left(\frac{1}{2}\left(1-\frac{1}{\sqrt{3}}\right)\right)+\frac{1}{2}f\left(\frac{1}{2}\left(1+\frac{1}{\sqrt{3}}\right)\right).$$

进一步验证：

- 当 $f(x)=x^3$ 时，左边 $=\int_0^1 x^3\mathrm{d}x=\frac{1}{4}$，且

$$右边=\frac{1}{2}\left(\frac{1}{2^3}\left(1-\frac{1}{\sqrt{3}}\right)^3+\frac{1}{2^3}\left(1+\frac{1}{\sqrt{3}}\right)^3\right)=\frac{1}{4},$$

即左边 = 右边；

- 当 $f(x)=x^4$ 时，左边 $=\int_0^1 x^4\mathrm{d}x=\frac{1}{5}$，且

$$右边=\frac{1}{2}\left(\frac{1}{2^4}\left(1-\frac{1}{\sqrt{3}}\right)^4+\frac{1}{2^4}\left(1+\frac{1}{\sqrt{3}}\right)^4\right)=\frac{7}{36},$$

此时左边 $\neq$ 右边.

因此,求积公式的代数精度为 3.

3. 给定求积公式

$$\int_a^b f(x)\mathrm{d}x \approx \frac{b-a}{2}[f(a)+f(b)]+\alpha(b-a)^2[f'(b)-f'(a)],$$

试确定 α 使求积公式的代数精度尽可能高,并指出代数精度的次数.

解 逐次验证如下:

- 当 $f(x)=1$ 时,有

$$左边=\int_a^b 1\mathrm{d}x=b-a, \quad 右边=2\times\frac{b-a}{2}=b-a.$$

- 当 $f(x)=x$ 时,有

$$左边=\int_a^b x\,\mathrm{d}x=\frac{b^2-a^2}{2}, \quad 右边=\frac{b-a}{2}(b+a)=\frac{b^2-a^2}{2}.$$

- 当 $f(x)=x^2$ 时,有

$$左边=\int_a^b x\,\mathrm{d}x=\frac{b^3-a^3}{3},$$

$$右边=\frac{b-a}{2}(b^2+a^2)+\alpha(b-a)^2(2b-2a).$$

若左边=右边,则

$$\frac{b^3-a^3}{3}=\frac{b-a}{2}(b^2+a^2)+\alpha(b-a)^2(2b-2a),$$

由此解得 $\alpha=-\frac{1}{12}$,公式变为

$$\int_a^b f(x)\mathrm{d}x \approx \frac{b-a}{2}[f(a)+f(b)]-\frac{1}{12}(b-a)^2[f'(b)-f'(a)].$$

- 当 $f(x)=x^3$ 时,有

$$左边=\int_a^b x^3\mathrm{d}x=\frac{b^4-a^4}{4},$$

$$\begin{aligned}右边&=\frac{b-a}{2}(b^3+a^3)-\frac{1}{12}(b-a)^2(3b^2-3a^2)\\&=\frac{b^4-a^4}{4}.\end{aligned}$$

- 当 $f(x)=x^4$ 时,有

$$左边=\int_a^b x^4\mathrm{d}x=\frac{b^5-a^5}{5},$$

$$右边=\frac{b-a}{2}(b^4+a^4)-\frac{1}{12}(b-a)^2(4b^3-4a^3),$$

注意到右边 b^5 的系数为$\frac{1}{2}-\frac{1}{3}=\frac{1}{6}\neq\frac{1}{5}$,因此左右不等.

综上,求积公式的代数精度为 3.

4. 设函数 $f(x)\in C^2[0,2]$,给定求积公式

$$\int_0^2 f(x)\mathrm{d}x \approx Af(0)+Bf(x_0).$$

(1) 试确定 A,B,x_0 使求积公式的代数精度尽可能高,并指出次数;

(2) 求出参数后,确定该求积公式的截断误差表达式.

解　(1) 因为有 3 个未知数,所以可设 $f(x)=1,x,x^2$.

- 当 $f(x)=1$ 时,有

$$左边=\int_0^2 1\mathrm{d}x=2,\quad 右边=A+B.$$

- 当 $f(x)=x$ 时,有

$$左边=\int_0^2 x\,\mathrm{d}x=2,\quad 右边=Bx_0.$$

- 当 $f(x)=x^2$ 时,有

$$左边=\int_0^2 x^2\mathrm{d}x=\frac{8}{3},\quad 右边=Bx_0^2.$$

当求积公式的代数精度至少为 2 时,必有

$$\begin{cases}A+B=2,\\ Bx_0=2,\\ Bx_0^2=\dfrac{8}{3},\end{cases}$$

解得 $x_0=\frac{4}{3}$, $B=\frac{3}{2}$,$A=\frac{1}{2}$,从而求积公式为

$$\int_0^2 f(x)\mathrm{d}x \approx \frac{1}{2}f(0)+\frac{3}{2}f\left(\frac{4}{3}\right).$$

- 当 $f(x)=x^3$ 时,左边$=4$,右边$=\frac{32}{9}$,此时左边$\neq$右边.

因此,求积公式的代数精度为 2.

(2) 构造 $f(x)$ 的 2 次插值多项式 $H(x)$,满足

$$H(0)=f(0),\quad H\left(\frac{4}{3}\right)=f\left(\frac{4}{3}\right),\quad H'\left(\frac{4}{3}\right)=f'\left(\frac{4}{3}\right),$$

则

$$\begin{aligned}&\int_0^2 f(x)\mathrm{d}x-\frac{1}{2}f(0)-\frac{3}{2}f\left(\frac{4}{3}\right)\\ =&\int_0^2[f(x)-H(x)]\mathrm{d}x=\int_0^2\frac{f'''(\xi)}{6}x\left(x-\frac{4}{3}\right)^2\mathrm{d}x\end{aligned}$$

$$=\frac{f'''(\eta)}{6}\int_0^2 x\left(x-\frac{4}{3}\right)^2\mathrm{d}x=\frac{2}{27}f'''(\eta),\quad \eta\in(0,2).$$

5. 用复化梯形公式 T_n 计算

$$I=\int_2^8\frac{1}{2x}\mathrm{d}x,$$

要使误差不超过 $\frac{1}{2}\times10^{-5}$，n 至少取多大？

解 设 $f(x)=\frac{1}{2x}$，则 $f''(x)=\frac{1}{x^3}$. 容易验证在 $[2,8]$ 上，有

$$\max_{x\in[2,8]}|f''(x)|\leqslant|f''(2)|=\frac{1}{8},$$

要满足误差要求，则

$$\frac{8-2}{12}\times\frac{1}{8}\times\left(\frac{8-2}{n}\right)^2\leqslant\frac{1}{2}\times10^{-5}\Rightarrow n\geqslant 670.82,$$

因此 n 至少取 671.

注 也可以利用

$$I(f)-T_n(f)\approx\frac{1}{12}[f'(a)-f'(b)]h^2$$

来估算误差. 此时 $f'(x)=-\frac{1}{2x^2}$，要满足误差要求，则

$$\frac{1}{12}\times\frac{15}{128}\times\frac{36}{n^2}\leqslant\frac{1}{2}\times10^{-5}\Rightarrow n\geqslant 265.165,$$

因此 n 至少为 266.

6. 用复化 Simpson 公式计算 $I=\int_0^1 \mathrm{e}^x\mathrm{d}x$，精确至 6 位有效数字.

解 复化 Simpson 公式为

$$S_n(f)=\sum_{k=0}^{n-1}\frac{h}{6}(f(x_k)+4f(x_{k+\frac{1}{2}})+f(x_{k+1})),$$

其中 $f(x)=\mathrm{e}^x$，$h=\frac{1}{n}$. 计算过程如下：

- $n=1$ 时，有

$$S_1=\frac{1}{6}\left(f(0)+4f\left(\frac{1}{2}\right)+f(1)\right)\approx 1.718861151876593.$$

- $n=2$ 时，有

$$S_2=\sum_{k=0}^{1}\frac{1}{12}(f(x_k)+4f(x_{k+\frac{1}{2}})+f(x_{k+1}))$$
$$\approx 1.718318841921747.$$

- 结果要求有 6 位有效数字,则误差限为 0.5×10^{-5},而

$$\frac{S_2-S_1}{15}=-0.36154\times10^{-4},$$

不符合要求.

- $n=4$ 时,有

$$S_4=\sum_{k=0}^{3}\frac{1}{24}(f(x_k)+4f(x_{k+\frac{1}{2}})+f(x_{k+1}))$$
$$\approx 1.718284154699897,$$

此时

$$\frac{S_4-S_2}{15}=-0.231248\times10^{-5},$$

满足要求.

综上,I 具有 6 位有效数字的值为 1.71828.

7. 给定数据:

x	1.30	1.32	1.34	1.36	1.38
$f(x)$	3.60	3.91	4.26	4.67	5.18

用复化 Simpson 公式计算 $\int_{1.30}^{1.38}f(x)\mathrm{d}x$ 的近似值,并估计误差.

解　计算可得

$$S_1=\frac{1.38-1.30}{6}(3.60+4\times4.26+5.18)\approx0.344267,$$

$$S_2=\frac{0.08}{12}(3.60+4\times3.91+2\times4.26+4\times4.67+5.18)$$
$$\approx0.344133,$$

$$\frac{S_2-S_1}{15}\approx-0.893333\times10^{-5}.$$

即积分近似值为 0.344133,误差大概为 -0.89×10^{-5}.

8. 用 Romberg 公式计算 $I=\int_2^8\frac{1}{x}\mathrm{d}x$,要求误差不超过 $\frac{1}{2}\times10^{-5}$.

解　设 $f(x)=\frac{1}{x}$. 首先计算出复化梯形公式的数据如下:

$$T_1=1.875,\quad T_2=\frac{T_1}{2}+3\times f(5)=1.5375,$$

$$T_4=\frac{T_2}{2}+\frac{3}{2}(f(3.5)+f(6.5))=1.42809,$$

$$T_8 = \frac{T_4}{2} + \frac{3}{4}(f(2.75) + f(4.25) + f(5.75) + f(7.25))$$
$$= 1.39713,$$
$$T_{16} = \frac{T_8}{2} + \frac{3}{8}(f(2.375) + f(3.125) + \cdots + f(6.875) + f(7.625))$$
$$= 1.38903.$$

由上组合出复化 Simpson 公式的数据如下：

$$S_1 = \frac{4T_2}{3} - \frac{T_1}{3} \approx 1.425, \quad S_2 = \frac{4T_4}{3} - \frac{T_2}{3} \approx 1.39162,$$
$$S_4 = \frac{4T_8}{3} - \frac{T_4}{3} \approx 1.3868, \quad S_8 = \frac{4T_{16}}{3} - \frac{T_8}{3} \approx 1.38633.$$

继续组合出复化 Cotes 公式的数据如下：

$$C_1 = \frac{16S_2}{15} - \frac{S_1}{15} \approx 1.389395604395605,$$
$$C_2 = \frac{16S_4}{15} - \frac{S_2}{15} \approx 1.386483705684914,$$
$$C_4 = \frac{16S_8}{15} - \frac{S_4}{15} \approx 1.386300890739766.$$

最后组合出 Romberg 公式的数据如下：

$$R_1 = \frac{64C_2}{63} - \frac{C_1}{63} \approx 1.386437485070458,$$
$$R_2 = \frac{64C_4}{63} - \frac{C_2}{63} \approx 1.386297988915240.$$

按照后验误差估计，误差为

$$\frac{1}{255} | R_2 - R_1 | \approx 5.47044 \times 10^{-7} \approx 0.55 \times 10^{-6} < 0.5 \times 10^{-5},$$

因此 R_2 满足要求，具有 6 位有效数字的结果为 1.38630.

注 实际误差约为 -3.6278×10^{-6}.

9. 利用 3 点 Gauss 公式计算积分 $\int_3^6 e^{-x} dx$ 的近似值.

解 具有 3 个节点的 Gauss 公式为

$$\int_{-1}^{1} g(t) dt \approx \frac{5}{9} g\left(-\sqrt{\frac{3}{5}}\right) + \frac{8}{9} g(0) + \frac{5}{9} g\left(\sqrt{\frac{3}{5}}\right).$$

要计算 $I = \int_3^6 e^{-x} dx$ 的近似值，令

$$x = \frac{9}{2} + \frac{3}{2} t, \quad t \in [-1, 1],$$

则

$$I=\int_3^6 e^{-x}dx=\frac{3}{2}\int_{-1}^1 e^{-\frac{9}{2}-\frac{3}{2}t}dt$$

$$\approx\frac{3}{2}\left(\frac{5}{9}e^{-\frac{9}{2}+\frac{3}{2}\sqrt{\frac{3}{5}}}+\frac{8}{9}e^{-\frac{9}{2}}+\frac{5}{9}e^{-\frac{9}{2}-\frac{3}{2}\sqrt{\frac{3}{5}}}\right)\approx 0.0472954.$$

注　该结果的实际误差约为 0.0000129055.

10. 用 $n=2$ 的 2 点复化 Gauss 公式计算

$$I=\int_0^1\frac{\sqrt{1-e^{-x}}}{x}dx$$

的近似值.(**提示:请注意奇点**)

解　将区间$[a,b]$作 n 等分,记

$$h=\frac{b-a}{n},\quad x_k=a+kh\quad(k=0,1,2,\cdots,n).$$

在$[x_k,x_{k+1}]$上应用 2 点 Gauss 公式并利用

$$\frac{x_{k+1}+x_k}{2}=a+\left(k+\frac{1}{2}\right)h,\quad \frac{x_{k+1}-x_k}{2}=\frac{h}{2},$$

得到

$$\int_{x_k}^{x_{k+1}}f(x)dx\approx\frac{h}{2}\left[f\left(a+\left(k+\frac{1}{2}\right)h-\frac{h}{2}\frac{\sqrt{3}}{3}\right)+f\left(a+\left(k+\frac{1}{2}\right)h+\frac{h}{2}\frac{\sqrt{3}}{3}\right)\right],$$

因此 2 点复化 Gauss 公式为

$$G_n=\sum_{k=0}^{n-1}\frac{h}{2}\left[f\left(a+\left(k+\frac{1}{2}\right)h-\frac{h}{2}\frac{\sqrt{3}}{3}\right)+f\left(a+\left(k+\frac{1}{2}\right)h+\frac{h}{2}\frac{\sqrt{3}}{3}\right)\right].$$

注意到被积函数在 $x=0$ 处具有奇异性,做积分变换如下:

$$t=\sqrt{1-e^{-x}}\Rightarrow x=-\ln(1-t^2),\ dx=\frac{2t}{1-t^2}dt,$$

则要计算的积分变为

$$I=\int_0^{\sqrt{1-e^{-1}}}\frac{2t^2}{(t^2-1)\ln(1-t^2)}dt.$$

令

$$a=0,\quad b=\sqrt{1-e^{-1}},\quad n=2,\quad f(t)=\frac{2t^2}{(t^2-1)\ln(1-t^2)},$$

计算可得 $G_2=1.84979$.

注　实际的积分值约为 1.85211,按上面算出的 G_2 的误差是 0.00232388. 而若直接对 $f(x)=\frac{\sqrt{1-e^{-x}}}{x}$, $a=0$, $b=1$ 使用公式,结果是 $\widetilde{G}_2=1.60426$,可见误差比较大.

11. 设 $f(x)=\cos x$，取步长分别为 $h=0.1,0.01,0.001,0.0001$，利用中心差商公式及其外推公式计算 $f'(0.8)$ 的近似值(结果保留小数点后 6 位数字)，并与真实值 $f'(0.8)=-\sin 0.8$ 进行比较.

解 根据中心差商公式

$$D(h)=\frac{f(x_0+h)-f(x_0-h)}{2h}$$

及其外推公式

$$D^*(h)=\frac{-f(x_0+2h)+8f(x_0+h)-8f(x_0-h)+f(x_0-2h)}{12h},$$

可得如下计算结果：

h	$D(h)$	$\lvert e(D)\rvert$	$D^*(h)$	$\lvert e(D^*)\rvert$
0.1	−0.716161	0.001195	−0.717354	2.38834×10^{-6}
0.01	−0.717344	1.1955×10^{-5}	−0.717356	2.39108×10^{-10}
0.001	−0.717356	1.19559×10^{-7}	−0.717356	1.03251×10^{-14}
0.0001	−0.717356	1.19561×10^{-9}	−0.717356	8.43769×10^{-14}

注 本题中，中心差商公式及其外推公式都取得了很好的效果.

5.4 补充练习

1. 确定求积公式

$$\int_{-2h}^{2h}f(x)\mathrm{d}x\approx A_{-1}f(-h)+A_0f(0)+A_1f(h)$$

中的待定参数，使其代数精度尽量高，并指明求积公式所具有的代数精度.

提示 求积公式为

$$\int_{-2h}^{2h}f(x)\mathrm{d}x\approx\frac{8h}{3}f(-h)-\frac{4h}{3}f(0)+\frac{8h}{3}f(h),$$

它具有 3 次代数精度.

2. 给定求积公式

$$\int_0^1 xf(x)\mathrm{d}x\approx Af(0)+Bf(1)+Cf'(0)+Df'(1),$$

又知其误差为 $R=kf^{(4)}(\xi)$，其中 $\xi\in(0,1)$，试确定系数 A,B,C,D，使该求积公式有尽可能高的代数精度，指出这个代数精度并确定误差式中 k 的值.

提示 求积公式为

$$\int_0^1 xf(x)\mathrm{d}x\approx\frac{3}{20}f(0)+\frac{7}{20}f(1)+\frac{1}{30}f'(0)-\frac{1}{20}f'(1),$$

它具有 3 次代数精度. 令 $f(x)=x^4$,代入误差表达式,可得 $k=\frac{1}{1440}$.

3. (**上机题**) 地球卫星轨道是一个椭圆,其周长的计算公式是

$$S=4a\int_0^{\pi/2}\sqrt{1-\left(\frac{c}{a}\right)^2\sin^2\theta}\,\mathrm{d}\theta,$$

其中 a 是椭圆的长半轴,c 是地球中心与轨道中心(椭圆中心)的距离. 记 h 为近地点距离,H 为远地点距离,$R=6371$ km 为地球半径,则

$$a=(2R+H+h)/2,\quad c=(H-h)/2.$$

我国第一颗人造地球卫星近地点距离 $h=439$ km,远地点距离 $H=2384$ km,试求该卫星轨道的周长.

提示　因为

$$a=(2R+H+h)/2=7782.5\ \text{km},\ c=(H-h)/2=972.5\ \text{km},$$

从而被积函数为

$$f(\theta)=\sqrt{1-\left(\frac{972.5}{7782.5}\right)^2\sin^2\theta}.$$

用 Romberg 公式计算该积分,结果为 $I=1.5646463$,则

$$S=4aI\approx 48707.439319\ \text{km}.$$